MATHEMATIK-VORKURS

FÜR

STUDIENANFÄNGER

Dr. Detlef Wille

Print-ISBN: 978-3-446-47664-6
E-Book-ISBN: 978-3-446-47666-0

Bibliografische Information der Deutschen Nationalbibliothek:
Die Deutsche Nationalbibliothek verzeichnet diese Publikation in der Deutschen Nationalbibliografie; detaillierte bibliografische Daten sind im Internet unter http://dnb.d-nb.de abrufbar.

(unveränderter Nachdruck 2023 mit neuem Umschlag)
www.hanser-fachbuch.de
Coverkonzept: Marc Müller-Bremer, www.rebranding.de, München
Covergestaltung: Thomas West
Druck: CPI Books GmbH, Leck
Printed in Germany

Trigonometrische Funktionen

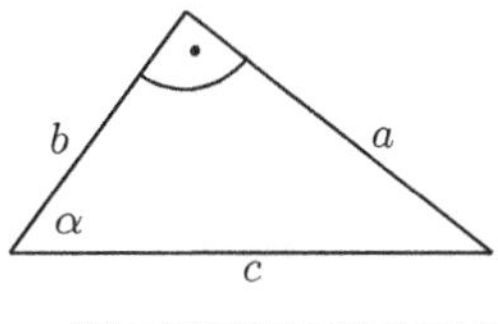

$$\sin\alpha = \frac{a}{c} = \frac{\text{Gegenkathete}}{\text{Hypotenuse}} \qquad \cos\alpha = \frac{b}{c} = \frac{\text{Ankathete}}{\text{Hypotenuse}}$$

$$\tan\alpha = \frac{a}{b} = \frac{\text{Gegenkathete}}{\text{Ankathete}} \qquad \cot\alpha = \frac{b}{a} = \frac{1}{\tan\alpha}$$

	0	$\frac{1}{6}\pi$	$\frac{1}{4}\pi$	$\frac{1}{3}\pi$	$\frac{1}{2}\pi$	$\frac{2}{3}\pi$	$\frac{3}{4}\pi$	$\frac{5}{6}\pi$	π	$\frac{7}{6}\pi$	$\frac{5}{4}\pi$	$\frac{4}{3}\pi$	$\frac{3}{2}\pi$	$\frac{5}{3}\pi$	$\frac{7}{4}\pi$	$\frac{11}{6}\pi$	2π
	0^0	30^0	45^0	60^0	90^0	120^0	135^0	150^0	180^0	210^0	225^0	240^0	270^0	300^0	315^0	330^0	360^0
$\sin x$	0	$\frac{1}{2}$	$\frac{\sqrt{2}}{2}$	$\frac{\sqrt{3}}{2}$	1	$\frac{\sqrt{3}}{2}$	$\frac{\sqrt{2}}{2}$	$\frac{1}{2}$	0	$-\frac{1}{2}$	$-\frac{\sqrt{2}}{2}$	$-\frac{\sqrt{3}}{2}$	-1	$-\frac{\sqrt{3}}{2}$	$-\frac{\sqrt{2}}{2}$	$-\frac{1}{2}$	0
$\cos x$	1	$\frac{\sqrt{3}}{2}$	$\frac{\sqrt{2}}{2}$	$\frac{1}{2}$	0	$-\frac{1}{2}$	$-\frac{\sqrt{2}}{2}$	$-\frac{\sqrt{3}}{2}$	-1	$-\frac{\sqrt{3}}{2}$	$-\frac{\sqrt{2}}{2}$	$-\frac{1}{2}$	0	$\frac{1}{2}$	$\frac{\sqrt{2}}{2}$	$\frac{\sqrt{3}}{2}$	1
$\tan x$	0	$\frac{\sqrt{3}}{3}$	1	$\sqrt{3}$	$\pm\infty$	$-\sqrt{3}$	-1	$-\frac{\sqrt{3}}{3}$	0	$\frac{\sqrt{3}}{3}$	1	$\sqrt{3}$	$\pm\infty$	$-\sqrt{3}$	-1	$-\frac{\sqrt{3}}{3}$	0
$\cot x$	$\pm\infty$	$\sqrt{3}$	1	$\frac{\sqrt{3}}{3}$	0	$-\frac{\sqrt{3}}{3}$	-1	$-\sqrt{3}$	$\pm\infty$	$\sqrt{3}$	1	$\frac{\sqrt{3}}{3}$	0	$-\frac{\sqrt{3}}{3}$	-1	$-\sqrt{3}$	$\pm\infty$

$$\mathbf{\sin^2\alpha + \cos^2\alpha = 1}$$

Additionstheoreme

$$\cos(\alpha \pm \beta) = \cos\alpha\cos\beta \mp \sin\alpha\sin\beta$$
$$\sin(\alpha \pm \beta) = \sin\alpha\cos\beta \pm \cos\alpha\sin\beta$$

doppelter Winkel

$$\begin{aligned}\cos 2\alpha &= \cos^2\alpha - \sin^2\alpha \\ &= 1 - 2\sin^2\alpha = 2\cos^2\alpha - 1 \\ \sin 2\alpha &= 2\sin\alpha\cos\alpha\end{aligned}$$

Polarkoordinaten

$$x = r\cos\varphi \qquad r = \sqrt{x^2+y^2}$$
$$y = r\sin\varphi \qquad \tan\varphi = \frac{y}{x} \quad \text{Quadranten beachten!}$$

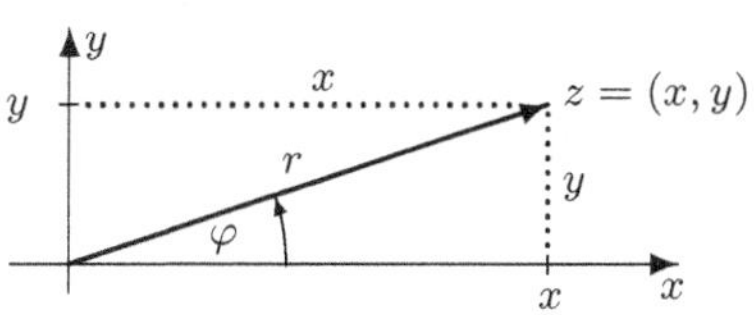

Rechnen mit **Potenzen** und **Logarithmen**

a: Basis, mit $0 < a \neq 1$

$a^{r+s} = a^r a^s$	$\log_a xy = \log_a x + \log_a y$
$a^{-r} = \frac{1}{a^r}$	$\log_a \frac{1}{x} = -\log_a x$
$a^0 = 1$	$\log_a 1 = 0$
$(a^r)^s = a^{rs}$	$\log_a x^s = s\log_a x$

Logarithmen zu verschiedenen Basen:

$$\log_a x = \frac{\log_b x}{\log_b a}, \text{ speziell: } \log_a x = \frac{\ln x}{\ln a}$$

Kosinussatz

$$c^2 = a^2 + b^2 - 2ab\cos\gamma$$

Pythagoras

$$c^2 = a^2 + b^2, \text{ falls } \gamma = 90^0.$$

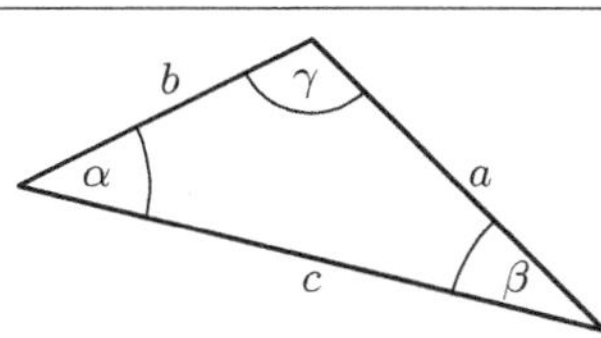

Sinussatz

$$\frac{a}{\sin\alpha} = \frac{b}{\sin\beta} = \frac{c}{\sin\gamma}$$

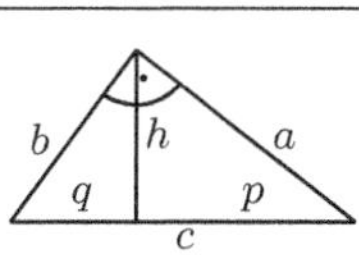

Kathetensatz $a^2 = pc, \quad b^2 = qc$

Pythagoras $c^2 = a^2 + b^2$

Höhensatz $h^2 = pq$

Umrechnung: Gradmaß – Bogenmaß

Es besteht folgender Zusammenhang zwischen dem

- ⋆ **Winkel α** in Grad und der
- ⋆ **Länge b** des zugehörigen Kreisbogens am **Einheitskreis**, bzw. **Verhältnis b** der Bogenlänge eines Winkels zu seinem Radius.

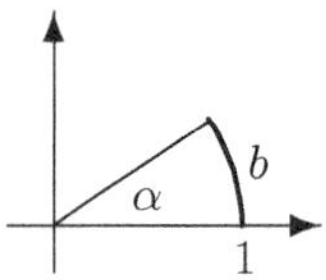

$$\boxed{\frac{\alpha}{180^\circ}=\frac{b}{\pi}}$$

$$\alpha = \frac{180^\circ}{\pi}\, b$$

$$b = \frac{\pi}{180^\circ}\, \alpha$$

lies: $\alpha^\circ = b$ rad

$$1^\circ \;=\; \frac{\pi}{180^\circ}\,\text{rad} \approx\; 0.017\,\text{rad}$$

$$1\,\text{rad} = \frac{180^\circ}{\pi} \quad \approx 57.296^\circ$$

Benutzt man einen Taschenrechner, vergewissere man sich, ob er auf Winkel im Gradmaß (DEG) oder im Bogenmaß (RAD) eingestellt ist.

n–Fakultät, Binomialkoeffizienten

$$n! = 1 \cdot 2 \cdot 3 \cdots n$$

$0! = 1,\ 1! = 1,\ 2! = 2,\ 3! = 6$

$4! = 1 \cdot 2 \cdot 3 \cdot 4 = 24$

$$\binom{n}{k} \;=\; \frac{n!}{k!(n-k)!} = \binom{n}{n-k}, \quad \binom{n}{0} = 1$$

$$\binom{n+1}{k} = \binom{n}{k} + \binom{n}{k-1}$$

Binomische Formeln

$$(a+b)^2 = a^2 + 2ab + b^2$$

$$(a-b)^2 = a^2 - 2ab + b^2$$

$$(a+b)(a-b) = a^2 - b^2$$

Allgemeine binomische Formel

$$(a+b)^n = \sum_{k=0}^{n} \binom{n}{k} a^{n-k} b^k$$

$$= \binom{n}{0} a^n + \cdots + \binom{n}{k} a^{n-k} b^k + \cdots + \binom{n}{n} b^n$$

Betrag

$$\boxed{|x| := \begin{cases} x & ,\text{ für } x \geq 0 \\ -x & ,\text{ für } x < 0 \end{cases}}$$

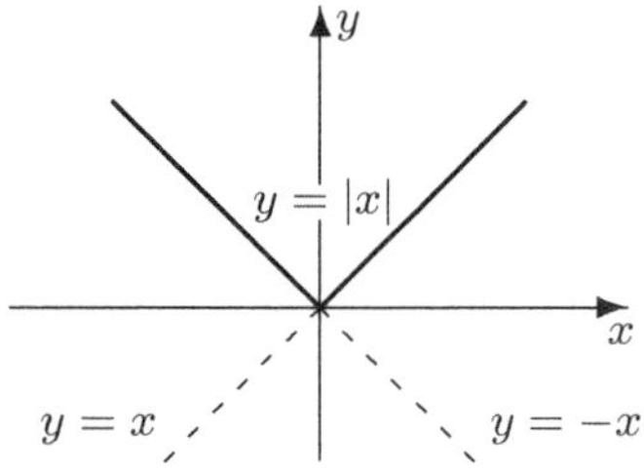

$$|x| \;=\; |-x| \;=\; \sqrt{x^2}$$

$|xy| \;=\; |x| \cdot |y|$ und $\left|\frac{x}{y}\right| \;=\; \frac{|x|}{|y|}$, für $y \neq 0$.

$\big||x| - |y|\big| \;\leq\; |x \pm y| \;\leq\; |x| + |y|$ **Dreiecksungleichung**

Auf der Zahlengeraden ist

$|x|$ der **Abstand** der Zahl x vom Nullpunkt,

$|x-a|$ der **Abstand** der Zahl x von der Zahl a.

Merke

$$\sqrt{x^2} = |x|$$

Vorwort

Viele Studiengänge an Hochschulen aller Art benötigen Mathematik als Grundlagenfach bzw. als Hilfswissenschaft. Mit diesem Vorkurs können Studienanfänger die für ihr Studium wichtigen Grundkenntnisse wiederholen, auffrischen oder sich wieder aneignen.
Der Stoff dieses Vorkurses beschäftigt sich ganz bewusst überwiegend mit grundlegenden Begriffen und Rechentechniken, und geht danach noch kurz auf Differential- und Integralrechnung ein. In vielen Jahren Lehrtätigkeit hat der Autor nämlich festgestellt, dass die Schwierigkeiten, mit denen Studierende in den ersten Klausuren, z.B. in der Mathematik für Ingenieurswissenschaften oder Wirtschaftswissenschaften zu kämpfen haben, meist grundlegender Natur sind – sie beginnen in der Bruchrechnung und Potenzrechnung.
Aus diesen Kenntnissen heraus ist das Buch konzipiert. Es werden kurz die nötigen Begriffe definiert und dann viele Übungen (insgesamt etwa 400 Beispiele) durchgerechnet. Bei der selbständigen Bearbeitung dieser Übungen kann man testen, wie sicher man die Rechentechniken beherrscht und gegebenenfalls die zugehörigen Begriffe und Regeln wiederholen. Das Kapitel über Funktionen dient als kurzer Überblick über die wichtigsten Funktionstypen und stellt, ohne in die Tiefe zu gehen, die Kenntnisse zusammen, die unbedingt nötig sind. In der Differential- und Integralrechnung werden dann nur die angesprochenen Funktionstypen behandelt.
Auf Literaturangaben wird weitgehend verzichtet, da die Bücher, zu denen man greifen wird, fächerspezifisch sind, also vom Studienfach abhängen werden. Gelegentlich tauchen Hinweise auf, und zwar

EM 1, **EM 2**:
Repetitorium der Elementaren Mathematik; G. Merziger, M. Holz, D. Wille
eine ausführliche und erweiterte Darstellung des hier behandelten Stoffes,

F+H: Formeln und Hilfen zur Höheren Mathematik; G. Merziger u.a.
eine Formelsammlung, die im Studium unerlässlich ist und

HM: Repetitorium der Höheren Mathematik; G. Merziger, T. Wirth
ein Buch, das überwiegend in naturwissenschaftlichen Studiengängen sehr beliebt ist. Alle diese Bücher sind im Binomi Verlag (www.binomi.de) erschienen.

Dieses Buch widme ich meinem ehemaligen Kollegen Dr. Thomas Wirth, der an der Überarbeitung der ersten Kapitel noch mitgewirkt hat und dann leider viel zu früh verstorben ist.

Hannover, Juli 2012

Inhaltsverzeichnis

Kapitel 1

Elementares Rechnen

1.1 Rechnen in $\mathbb{N}$ und $\mathbb{Z}$

Es ist $\mathbb{N} = \{1, 2, 3, 4, \ldots\}$ die **Menge der natürlichen Zahlen** und
$\mathbb{Z} = \{\ldots, -3, -2, -1, 0, 1, 2, 3, 4, \ldots\}$ die **Menge der ganzen Zahlen**.
$x \in A$ liest man: x ist Element der Menge A,
$x \notin A$ liest man: x ist kein Element der Menge A.
z.B. gilt: $5 \in \mathbb{N}$, $-3 \in \mathbb{Z}$, $-3 \notin \mathbb{N}$, $\frac{1}{2} \notin \mathbb{Z}$.

In $\mathbb{N}$ und $\mathbb{Z}$ beschäftigt man sich mit Teilbarkeitsbegriffen.

> **Teilbarkeit**
>
> Sind $a, b \in \mathbb{Z}$, so heißt a ein **Teiler** von b, falls es eine ganze Zahl c gibt mit $a \cdot c = b$.
> b heißt dann **Vielfaches** von a.
>
> Schreibweise: $a \mid b$ gelesen: a teilt b, z.B. $4|24$, denn $4 \cdot 6 = 24$.
> $a \nmid b$ gelesen: a teilt b nicht, z.B. $3 \nmid 8$.

Schon bei der Definition von Primzahlen braucht man den Begriff der Teilbarkeit, denn:
eine natürliche Zahl p größer gleich 2 heißt **Primzahl**, falls p nur 1 und sich selbst als Teiler besitzt.
Erste Primzahlen: $2, 3, 5, 7, 11, 13, 17, 19, 23, 29, 31, \ldots$
Schon EUKLID (300 v.Chr.) hat bewiesen, dass es unendlich viele Primzahlen gibt.

Für die Bruchrechnung wichtig sind die Begriffe **größter gemeinsamer Teiler** (ggT) und **kleinstes gemeinsames Vielfaches** (kgV).

ggT und kgV

Sind $a, b \in \mathbb{N}$, so
heißt c größter gemeinsamer Teiler von a und b, falls gilt:

1. $c|a$ und $c|b$
2. es gibt keine größere natürliche Zahl als c, die a und auch b teilt. Mathematisch formuliert man das wie folgt: Gilt $d|a$ und $d|b$ für ein $d \in \mathbb{N}$, so folgt $d|c$.

heißt s kleinstes gemeinsames Vielfaches von a und b, falls gilt:

1. es gibt natürliche Zahlen d und e mit $s = d \cdot a = e \cdot b$, d.h. s ist gemeinsames Vielfaches von a und b.
2. es gibt kein kleineres gemeinsames Vielfaches von a und b. Mathematisch formuliert man das wie folgt: Gilt $r = f \cdot a = g \cdot b$ für natürliche Zahlen f und g, so folgt $s|r$.

Schreibweisen: $c = \text{ggT}(a, b)$ und $s = \text{kgV}(a, b)$.

Es gilt: $a \cdot b = \text{ggT}(a, b) \cdot \text{kgV}(a, b)$.

Beispiele:

(1) $a = 15$, $b = 20$

15 hat die Teiler $1, 3, 5, 15$.
20 hat die Teiler $1, 2, 4, 5, 10, 20$.
Also gilt $\text{ggT}(15, 20) = 5$.
Vielfache von 15 sind $15, 30, 45, 60, 75, \ldots$
Vielfache von 20 sind $20, 40, 60, 80, 100, \ldots$
Also gilt $\text{kgV}(15, 20) = 60$.

(2) $a = 23$, $b = 17$

23 hat die Teiler 1 und 23; 17 hat die Teiler 1 und 17 - beides sind Primzahlen. Also gilt $\text{ggT}(23, 17) = 1$ und $\text{kgV}(23, 17) = 23 \cdot 17 = 391$. Das kgV ergibt sich durch Betrachtung der Vielfachen von 23 und 17.

Gilt also wie in Beispiel (2) $\text{ggT}(a, b) = 1$, so ist nach der Formel im obigen Kasten: $\text{kgV}(a, b) = a \cdot b$.
In diesem Falle nennt man a und b **teilerfremd**.

Ist $\text{ggT}(a, b)$ bekannt, so ergibt sich: $\boxed{\text{kgV}(a, b) = \frac{a \cdot b}{\text{ggT}(a,b)}}$.

In entsprechender Weise kann man auch den ggT und das kgV von mehr als zwei Zahlen definieren.
Für $a = 15$, $b = 20$ und $c = 12$ erhält man z.B. wie in Beispiel (1) mit dem Zusatz:
Teiler von 12 sind $1, 2, 3, 4, 6, 12$; Vielfache von 12 sind $12, 24, 36, 48, 60, 72, \ldots$:
$\text{ggT}(15, 20, 12) = 1$ und $\text{kgV}(15, 20, 12) = 60$.

Berechnungsverfahren für den ggT(a,b): 1. Primfaktorzerlegung 2. EUKLIDischer Divisionsalgorithmus

1. Primfaktorzerlegung
Man zerlegt a und b in Primfaktoren und bildet das Produkt derjenigen Primfaktoren, die in beiden Zerlegungen auftreten.
Beispiel; $a = 660,\ b = 5544$

a=660	$=2\cdot 2\cdot 3\cdot 5\cdot 11$	$=2^2\cdot 3^1\cdot 5^1\cdot 7^0\cdot 11^1$	
b=5544	$=2\cdot 2\cdot 2\cdot 3\cdot 3\cdot 7\cdot 11$	$=2^3\cdot 3^2\cdot 5^0\cdot 7^1\cdot 11^1$	
ggT(660, 5544)	$=2\cdot 2\cdot 3\cdot 11=132$	$=2^2\cdot 3^1\cdot 5^0\cdot 7^0\cdot 11^1$	kleinster Exp.
kgV(660, 5544)	$\overset{\text{nach Formel}}{=} \frac{660\cdot 5544}{132}$ $=27720$	$=2^3\cdot 3^2\cdot 5^1\cdot 7^1\cdot 11^1$	größter Exp.

Der ggT ergibt sich also, indem man in der Primfaktorzerlegung von den gemeinsam auftretenden Primzahlen jeweils die Potenz mit dem **kleinsten Exponenten** als Faktor wählt.
Das kgV erhält man aus der Primfaktorzerlegung von a und b, indem man alle auftretenden Primzahlen und zwar jeweils die Potenz mit dem **größten Exponenten** als Faktor wählt.
(Zu den Begriffen über Potenzen siehe Potenzrechnung 1.5)

Die Zerlegung in Primfaktoren kann dabei mühsam sein.
Bei $a = 660$ erkennt man leicht $660 = 10\cdot 66$ und erhält dann sofort:
$$660 = 2\cdot 5\cdot 6\cdot 11 = 2\cdot 2\cdot 3\cdot 5\cdot 11$$
Bei $b = 5544$ sollte man sehen: $5544 = 11\cdot 504$.
504 ist durch 4 teilbar (die Zahl aus den letzten beiden Ziffern - hier 4 - ist durch 4 teilbar) und auch durch 9 teilbar (die Quersumme - hier 9 - ist durch 9 teilbar). Also
$$504 = 4\cdot 126 = 4\cdot 9\cdot 14 \text{ und } 5544 = 11\cdot 2\cdot 2\cdot 3\cdot 3\cdot 2\cdot 7 = 2^3\cdot 3^2\cdot 5\cdot 7\cdot 11.$$
Beginnt man mit der Division durch 2, also $5544 = 2\cdot 2772$, wird es mühsamer.

2. Euklidischer Divisionsalgorithmus
Dieser Algorithmus eignet sich besonders bei größeren Zahlen a und b gut zur schnellen Berechnung von ggT(a,b). Wir führen ihn für das gleiche Beispiel ggT(5544, 660) durch.
Man beginnt mit der Division

$5544 : 660 = 8$ Rest 264 also $5544 = 8\cdot \underline{660} + \underline{264}$
Die unterstrichenen Zahlen werden wieder dividiert.
$660 : 264 = 2$ Rest 132 also $660 = 2\cdot \underline{264} + \underline{132}$
Die unterstrichenen Zahlen werden wieder dividiert.
$264 : 132 = 2$ also $264 = 2\cdot 132$

Bei diesem Verfahren ist der letzte von 0 verschiedene Rest der ggT, hier also ggT(5544, 660) = 132.
Das kgV ergibt sich wie oben nach der Formel $\text{kgV}(a,b) = \frac{a\cdot b}{\text{ggT}(a,b)} = 27720$.

Zwei weitere Beispiele zum EUKLIDischen Algorithmus:
Berechnung von ggT(12136, 8440) und ggT(35061, 3542):

$$\begin{array}{rcll} 12136 &=& 1\cdot 8440 &+\ 3696 \\ 8440 &=& 2\cdot 3696 &+\ 1048 \\ 3696 &=& 3\cdot 1048 &+\ 552 \\ 1048 &=& 1\cdot 552 &+\ 496 \\ 552 &=& 1\cdot 496 &+\ 56 \\ 496 &=& 8\cdot 56 &+\ 48 \\ 56 &=& 1\cdot 48 &+\ 8\ \text{ggT} \\ 48 &=& 6\cdot 8 & \end{array} \qquad \begin{array}{rcll} 35601 &=& 10\cdot 3542 &+\ 181 \\ 3542 &=& 19\cdot 181 &+\ 103 \\ 181 &=& 1\cdot 103 &+\ 78 \\ 103 &=& 1\cdot 78 &+\ 25 \\ 78 &=& 3\cdot 25 &+\ 3 \\ 25 &=& 8\cdot 3 &+\ 1\ \text{ggT} \\ 3 &=& 3\cdot 1 & \end{array}$$

Es ist also ggT(12136, 8440) = 8 und ggT(35061, 3542) = 1, die beiden Zahlen 35061 und 3542 sind teilerfremd.

Die Primfaktorzerlegungen im linken Beispiel lauten

$$\begin{array}{rrcl} & 12136 &=& 2\cdot 2\cdot 2\cdot 1517 \\ \text{und} & 8440 &=& 2\cdot 2\cdot 2\cdot 5\cdot 211\,, \end{array}$$

aber zumindest für das Erkennen von 1517 als Primzahl braucht man einige Zeit. Die Primfaktorzerlegungen liefern dann ebenfalls ggT(12136, 8440) = 8.
Im rechten Beispiel sind die Primfaktorzerlegungen

$$35061 = 3\cdot 13\cdot 29\cdot 31 \quad \text{und} \quad 3542 = 2\cdot 7\cdot 11\cdot 23$$

mühsamer zu bestimmen.

Eine Anwendungsaufgabe:

Zwei Zahnräder Z_1 und Z_2 mit 15 bzw. 18 Zähnen greifen ineinander und drehen sich gegenläufig jeweils um eine Welle. Nach wieviel Umdrehungen von Z_1 bzw. Z_2 stehen sie erstmals wieder in der markierten Ausgangsstellung?

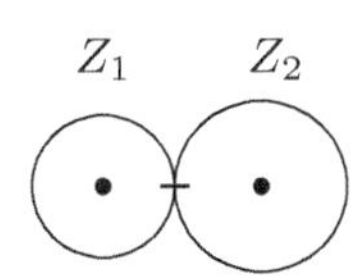

Lösung:
Sie stehen genau dann wieder in der Ausgangsstellung, wenn die Umdrehungszahlen multipliziert mit der Anzahl der Zähne jeweils ein gemeinsames Vielfaches der Zahnanzahlen ist. Also ergibt sich die Lösung der Frage über das kgV(15, 18).

$$15 = 3\cdot 5\ ,\ 18 = 2\cdot 3\cdot 3 \quad\Longrightarrow\quad \text{kgV}(15,18) = 2\cdot 3\cdot 3\cdot 5 = 90$$

Es ist kgV(15, 18) = 90 = 6 · 15 = 5 · 18.
Die Zahnräder stehen erstmals wieder nach 6 Umdrehungen von Z_1 bzw. 5 Umdrehungen von Z_2 in der Ausgangsstellung.

1.2 Bruchrechnung, Prozentrechnung

Bei Termumformungen ist das wichtigste Hilfsmittel das Rechnen mit Brüchen. Deshalb werden hier noch einmal die Regeln der Bruchrechnung zusammengestellt. Anschließend folgen einige Übungen, die ohne Probleme nachvollziehbar sein sollten.
Im folgenden stehen alle Variablen für ganze Zahlen (also für Elemente aus $\mathbb{Z} = \{\ldots, -3, -2, -1, 0, 1, 2, 3, \ldots\}$), und sie seien so gewählt, dass im Nenner eines Bruches niemals 0 steht (Division durch 0 ist nicht definiert).

1) $\frac{a}{b} = \frac{a \cdot c}{b \cdot c} = \frac{ac}{bc}$ Den Übergang von links nach rechts nennt man **Erweitern** (mit $c \neq 0$).
Den Übergang von rechts nach links nennt man **Kürzen** um den gemeinsamen Faktor c.
Der Multiplikationspunkt $\cdot$ wird üblicherweise weggelassen und nur geschrieben, wenn er erforderlich ist, z.B. bei $3 \cdot 5$.

2) $\frac{a}{b} \pm \frac{c}{d} = \frac{ad \pm bc}{bd}$ Bei der Addition (Subtraktion) von Brüchen erweitert man die Brüche so, dass sie gleiche Nenner besitzen. Statt bd wähle man als gemeinsamen Nenner gegebenenfalls das kleinste gemeinsame Vielfache von b und d, den sog. **Hauptnenner** der Brüche.

3) $\frac{a}{b} \cdot \frac{c}{d} = \frac{ac}{bd}$ Zwei Brüche werden multipliziert, indem man rechnet: $\dfrac{\textbf{Zähler} \cdot \textbf{Zähler}}{\textbf{Nenner} \cdot \textbf{Nenner}}$

4) $\frac{a}{b} : \frac{c}{d} = \frac{ad}{bc}$ Man teilt durch einen Bruch, indem man mit dem Kehrwert dieses Bruches multipliziert.
Zu $\frac{c}{d}$ mit $c \neq 0$ heißt $\frac{d}{c}$ der **Kehrwert**.

Beispiele

Man rechnet $\frac{3}{4} + \frac{5}{6} = \frac{3 \cdot 3}{4 \cdot 3} + \frac{5 \cdot 2}{6 \cdot 2} = \frac{19}{12}$ Der Hauptnenner der beiden Brüche ist 12.

und nicht $\frac{3}{4} + \frac{5}{6} = \frac{3 \cdot 6 + 5 \cdot 4}{24} = \frac{38}{24} = \frac{19}{12}$ Auch richtig; hier wird nach der Addition noch gekürzt.

$\frac{5}{7} \cdot \frac{14}{35} = \frac{5 \cdot 14}{7 \cdot 35} = \underline{\frac{2}{7}}$ Gekürzt mit 5 und 7.

$\frac{\frac{1}{2} - \frac{1}{3}}{\frac{3}{4} + \frac{1}{12}} = \frac{6 - 4}{9 + 1} = \frac{2}{10} = \underline{\frac{1}{5}}$ Erweitert mit 12.

$\frac{\frac{1}{2} - \frac{1}{3} + \frac{1}{4}}{\frac{1}{3} - \frac{1}{4} + \frac{1}{5}} = \frac{30 - 20 + 15}{20 - 15 + 12} = \underline{\frac{25}{17}}$ Erweitert mit 60.

$\frac{7}{12} + \frac{9}{20} = \frac{35}{60} + \frac{27}{60} = \frac{62}{60} = \underline{\frac{31}{30}}$ $\qquad$ $\frac{4}{5} - \frac{9}{10} = \frac{8}{10} - \frac{9}{10} = \underline{-\frac{1}{10}}$

$\frac{17}{38} \cdot \frac{57}{85} = \frac{1 \cdot 3}{2 \cdot 5} = \underline{\frac{3}{10}}$ $\qquad$ $\frac{11}{62} : (-\frac{99}{217}) = -\frac{11}{62} \cdot \frac{217}{99} = \underline{-\frac{7}{18}}$

$(\frac{1}{2} + \frac{1}{4} + \frac{1}{8} + \frac{1}{16}) : 5 = \ \dots \ = \underline{\frac{3}{16}}$ $\qquad$ $102 : (3 + \frac{1}{5} - \frac{2}{7}) = 102 : \frac{102}{35} = \underline{35}$

$\frac{\frac{4}{7}+\frac{1}{5}}{\frac{9}{8}-\frac{9}{2}} = \frac{27}{35} : (-\frac{54}{16}) = \underline{-\frac{8}{35}}$ $\qquad$ $\frac{\frac{3}{5}-\frac{2}{10}}{\frac{7}{20}-\frac{1}{5}} = \frac{12-4}{7-4} = \underline{\frac{8}{3}}$

$(1 + \frac{1}{2} + \frac{1}{3} + \frac{1}{4} + \frac{1}{5}) : (1 - \frac{1}{2} + \frac{1}{3} - \frac{1}{4} + \frac{1}{5}) =$

$$\text{Hauptnenner} = \text{kgV}(2,3,4,5) = 60$$

$= \frac{60+30+20+15+12}{60} : \frac{60-30+20-15+12}{60} = \frac{137}{60} : \frac{47}{60} = \underline{\frac{137}{47}}$

$\frac{1}{1+\frac{1}{1+\frac{1}{1+1}}} = \ \dots \ = \underline{\frac{3}{5}}$ $\qquad$ $\frac{1}{1+\frac{1}{1+\frac{1}{1+2}}} = \ \dots \ = \underline{\frac{4}{7}}$

$\frac{2}{a} + \frac{3}{b} - \frac{4}{c} = \underline{\frac{2bc+3ac-4ab}{abc}}$

$\frac{2x}{9y} + \frac{5xz}{6uy} = \frac{2x \cdot 2u + 5xz \cdot 3}{18uy} = \underline{\frac{4ux+15xz}{18uy}}$

$10bz \cdot \frac{8ax}{30by} = \underline{\frac{8axz}{3y}}$ $\qquad$ Gekürzt mit 10 und b.

$\frac{125ab}{10xy} \cdot \frac{30yz}{25bc} = \underline{\frac{15az}{xc}}$ $\qquad$ Gekürzt mit $25, 10, b, y$.

$\frac{18x}{15y} : \frac{3b}{5a} = \frac{18x \cdot 5a}{15y \cdot 3b} = \underline{\frac{2ax}{by}}$ $\qquad$ Gekürzt mit 3 und 5 und nochmal 3.

$(2\frac{2}{5}a : 4\frac{2}{3}b) \cdot 5\frac{1}{4}c = (\frac{12a}{5} : \frac{14b}{3}) \cdot \frac{21c}{4} = \frac{12a \cdot 3 \cdot 21c}{5 \cdot 14b \cdot 4} = \underline{\frac{27ac}{10b}}$

$(39abd - 12acd + 45bcd) : 3d = \ \dots \ = \underline{13ab - 4ac + 15bc}$

$(\frac{18bc}{5x} + \frac{21abc}{2y} - \frac{12ab}{5c}) : 3ab = \ \dots \ = \underline{\frac{6c}{5ax} + \frac{7c}{2y} - \frac{4}{5c}}$

$(\frac{1}{a} + \frac{1}{b}) \cdot \frac{a}{a+b} = \frac{b+a}{ab} \cdot \frac{a}{a+b} = \underline{\frac{1}{b}}$ $\qquad$ Gekürzt mit $a + b$ und a.

$\frac{\frac{a}{b}+\frac{c}{d}}{\frac{a}{b}-\frac{c}{d}} = \underline{\frac{ad+bc}{ad-bc}}$ $\qquad$ Erweitert mit bd.

Prozentrechnung:
% ist ein anderer Begriff für den Bruch $\frac{1}{100}$, also z.B.
$225\% = \frac{225}{100} = \frac{9}{4}$ oder $0,175 = \frac{17,5}{100} = 17,5\%$.
Beispiel:
Ein Kapital von 5000€ verzinst sich jährlich mit 4,5%. Wieviel Zinsen erhält man nach einem Jahr?

Man rechnet: $5000 \cdot \frac{4,5}{100} = 5000 \cdot \frac{45}{1000} = 5 \cdot 45 = 225$.
Man erhält 225€ Zinsen.

Prozentrechnung

Bezeichnungen: G Grundwert, $p\,\%$ Prozentsatz, W Prozentwert

Zusammenhang: $\boxed{W = G \cdot p\,\% = G \cdot \frac{p}{100}}$

Weitere **Beispiele**:

> Ein landwirtschaftlicher Großbetrieb mit 600 ha Fläche baut auf 30 % der Fläche Weizen an, auf 55 % der Fläche Raps und der Rest ist Weideland. Wie groß sind die jeweiligen Anbauflächen?

Lösung:
$600 \cdot \frac{30}{100} = 180$ $\quad 600 \cdot \frac{55}{100} = 330$ $\quad$ Rest $= 600 - 330 - 180 = 90$
Auf 180 ha wird Weizen angebaut, auf 330 ha Raps und 90 ha sind Weideland, das sind natürlich $\frac{90}{600} = \frac{15}{100} = 15\%$.

> Eine Ware verteuert sich von 200€ auf 225€ .
> a) Um wieviel % ist sie teurer geworden?
> b) Wieviel % war sie vorher billiger?

Lösung zu a) Gefragt ist: Wieviel % von 200€ sind 25€ ?
Also $G = 200$ und $W = 25$; gesucht $p\,\%$.
$\frac{p}{100} = \frac{W}{G} = \frac{25}{200} = \frac{12,5}{100}$ oder $p = \frac{100W}{G} = 12,5$
Die Ware ist 12,5 % teurer geworden.

Lösung zu b) Gefragt ist jetzt: Wieviel % von 225€ sind 25€ ?
Also $G = 225$, $W = 25$; gesucht $p\,\%$: $p = \frac{2500}{225} = 11,\overline{1}$
Die Ware war um $11,\overline{1}\%$ billiger. Zusammenfassend:

25 sind $11,\overline{1}\%$ ...
$$25 \text{ sind } \begin{array}{l} 12,5\% \text{ von } 200 \text{ (Preis vorher)} \\ 11,\overline{1}\% \text{ von } 225 \text{ (Preis nachher)} \end{array}.$$

Man beachte:
Wird eine Ware um $p\,\%$ teurer, so war sie vorher um $\boxed{\frac{100p}{100+p}\,\%}$ billiger.

Im obigen Beispiel also: Verteuerung um 12,5 % bedeutet:
Vorher war die Ware $\frac{1250}{100+12,5}\% = \frac{1250}{112,5}\% = 11,\overline{1}\%$ billiger.

Man muss also darauf achten, auf welchen Grundwert sich der Prozentwert W bezieht:
Ist z.B. A 200 cm groß und B nur 160 cm, so ist
A 25% größer als B (40 sind 25% vom Grundwert 160), aber
B 20% kleiner als A (40 sind 20% vom Grundwert 200).

Ein weiteres Beispiel hierzu ist die folgende Aufgabe:

> Wieviel Prozent spart ein Autofahrer an Zeit, wenn er sein Durchschnittstempo von 100 km/h auf 125 km/h erhöht?

Lösung:
Es gilt: Weg = Geschwindigkeit mal Zeit, allgemein geschrieben als $s = vt$.
Wird also v bei gleichem Weg um 25 % gesteigert, d.h. durch $1,25v$ ersetzt, so muss die Zeit t durch $\frac{1}{1,25}t = 0,8t$ ersetzt werden ($s = vt = 1,25v \cdot \frac{1}{1,25}t$).
Die Zeitersparnis beträgt also 20 %. (Nach der Formel: $\frac{100 \cdot 25}{100+25} = \frac{2500}{125} = 20$)

> Zu wieviel % muss man ein Kapital von 6000 € anlegen, damit es in einem Jahr auf 6500 € anwächst?

Lösung:
$W = G \cdot \frac{p}{100}, \quad G = 6000, \quad W = 500 \implies \frac{p}{100} = \frac{W}{G} = \frac{500}{6000} = \frac{1}{12},$
also $p = \frac{100}{12} = 8,33\ldots = 8\frac{1}{3}$.
Es muss ein Zinssatz von $8\frac{1}{3}$ % gewährt werden.

> Ein Kapital bringt bei einem Zinssatz von 3,5 % in einem Jahr 245 € Zinsen. Wie groß war das angelegte Kapital?

Lösung:
$W = G \cdot \frac{p}{100}, \quad W = 245, \quad p = 3,5 \implies G = \frac{100W}{p} = \frac{100 \cdot 245}{3,5} = \ldots = 7000.$
Es wurden 7000 € angelegt.

> Ein Kapital von 5000 € wird für 4 Jahre zu einem jährlichen Zinssatz von 4,5% angelegt, wobei die Zinsen jeweils am Ende eines Jahres dem Kapital zugeschlagen werden. Welchen Betrag erhält man nach Ablauf der 4 Jahre?

Lösung:
Wir lösen die Aufgabe allgemein für: Kapital K_0, Zinssatz $p\%$, n Jahre.

K_0 wächst bei $p\%$ in einem Jahr auf: $K_1 = K_0 + K_0 \cdot p\% = K_0(1 + \frac{p}{100})$
K_0 wächst bei $p\%$ in zwei Jahren auf: $K_2 = K_1(1 + \frac{p}{100}) = K_0(1 + \frac{p}{100})^2$
und weiter:
K_0 wächst bei $p\%$ in n Jahren auf: $\boxed{K_n = K_0(1 + \frac{p}{100})^n}$ (**Zinseszinsformel**)

Hier: $K_4 = 5000 \cdot (1 + \frac{4,5}{100})^4 \approx 5963$ (siehe Potenzrechnung in 1.5).
Nach 4 Jahren ist das Kapital auf 5963 € angewachsen.

1.3 Rationale und reelle Zahlen

Als Schreibweise für Zahlen kennen wir die Schreibweise als Brüche, z.B. $\frac{2}{5}$, und die Dezimalschreibweise, z.B. 3,45. Dieser Schreibweise liegt das Dezimalsystem zugrunde, d.h. wir verstehen unter 3,45 die Zahl $3 + \frac{4}{10} + \frac{5}{100}$, also $\frac{345}{100} = \frac{69}{20}$. Umgekehrt erhält man aus $\frac{69}{20}$ die Dezimaldarstellung (den Dezimalbruch) durch schriftliche Division, also:

$$\begin{array}{l}
69 : 20 = 3,45 \\
\underline{60} \\
\;\;90 \\
\;\;\underline{80} \\
\;\;100 \\
\;\;\underline{100}
\end{array}$$

Die Brüche liefern dabei genau die abbrechenden und periodischen Dezimalbrüche, denn führt man diese Division für einen beliebigen Bruch $\frac{a}{b}$ durch, so können bei der Division durch b genau $b-1$ paarweise verschiedene Reste auftreten. Die Division ist dann ohne Rest aufgegangen (ergibt also einen abbrechenden Dezimalbruch) oder spätestens beim b-ten Rest tritt eine Wiederholung ein, so dass ein periodischer Dezimalbruch entsteht. Klassisches Beispiel sind die Brüche mit Nenner 7, wo bei der Division alle möglichen 6 Reste $\neq 0$ genau einmal auftreten, z.B.:

$$\begin{array}{ll}
\frac{5}{7} = 5 : 7 = 0,714285\,714285\ \ldots = 0,\overline{714285} & \\
\;\;\underline{0} & \\
\;\;50 & \text{Rest } 5 \\
\;\;\underline{49} & \\
\;\;\;\;10 & \text{Rest } 1 \\
\;\;\;\;\underline{\;\,7} & \\
\;\;\;\;\;\;30 & \text{Rest } 3 \\
\;\;\;\;\;\;\underline{28} & \\
\;\;\;\;\;\;\;\;20 & \text{Rest } 2 \\
\;\;\;\;\;\;\;\;\underline{14} & \\
\;\;\;\;\;\;\;\;\;\;60 & \text{Rest } 6 \\
\;\;\;\;\;\;\;\;\;\;\underline{56} & \\
\;\;\;\;\;\;\;\;\;\;\;\;40 & \text{Rest } 4 \\
\;\;\;\;\;\;\;\;\;\;\;\;\underline{35} & \\
\;\;\;\;\;\;\;\;\;\;\;\;\boxed{50} & \text{Rest } 5
\end{array}$$

Außer 0 (die Division geht auf) gibt es genau 6 mögliche Reste $(1, 2, 3, 4, 5, 6)$, die alle genau einmal auftreten. Beim markierten 7. Rest tritt Rest 5 wieder auf, also wiederholt sich jetzt die Ziffernfolge ab 7 stets. Man liest den Dezimalbruch als: Null Komma Periode 714285.

Bezeichnet man die abbrechenden Dezimalbrüche als Dezimalbrüche mit der Periodenlänge 0, so gilt:

Die Brüche sind genau die periodischen Dezimalbrüche.

Die Menge der positiven und negativen Brüche einschließlich der Null bildet die Menge $\mathbb{Q}$ der rationalen Zahlen.

$\mathbb{Q} := \{\frac{a}{b} \mid a, b \in \mathbb{Z}, b \neq 0\} =$ Menge der periodischen Dezimalbrüche.

Umwandlung der Darstellungen	
Bruch → periodischer Dezimalbruch:	**Division**
periodischer Dezimalbruch → Bruch:	(i) **Elimination der Periode**
	(ii) geometrische Reihe (siehe **HM**)

Die Umwandlung eines periodischen Dezimalbruchs in einen Bruch durch Elimination der Periode wird am Beispiel $0,4\overline{17}$ erläutert:
Man setzt $a = 0,4\overline{17}$. Dann ist $100a = 41,7\overline{17}$. (Man multipliziert jeweils mit 10 hoch Periodenlänge, also hier mit $10^2 = 100$.)

$$\begin{array}{lrcl} & 100a & = & 41,7\overline{17} \\ & a & = & 0,4\overline{17} \\ \text{Subtraktion liefert} & 99a & = & 41,3 \qquad , \text{ also } a = \frac{41,3}{99} = \frac{413}{990} \end{array}$$

Durch den Trick mit der Multiplikation fällt bei der Subtraktion der Ziffern die Periode weg.
Entsprechend folgt z.B. $0,\overline{314} = \dfrac{314}{999}$.
Ein Sonderfall ist die Periode 9:

Umwandlung von $a = 0,\overline{9}$: $\quad \begin{array}{r} 10a = 9,\overline{9} \\ a = 0,\overline{9} \end{array} \implies 9a = 9 \text{ also } a = 1$

Es ist also $0,\overline{9} = 1$, was auch wie folgt gezeigt werden kann:
$\frac{1}{3} = 0,\overline{3} \implies 1 = 3 \cdot \frac{1}{3} = 3 \cdot 0,\overline{3} = 0,\overline{9}$.

Umwandlung von $a = 2,14\overline{9}$: $\quad \begin{array}{r} 10a{=}21,49\overline{9} \\ a{=}\ 2,14\overline{9} \end{array} \implies \begin{array}{r} 9a{=}19,35 \\ a{=}19,35 : 9 = 2,15 \end{array}$

Entsprechend folgt z.B. $0,418\overline{9} = 0,419$. Damit gibt es für den Bruch $\frac{419}{1000}$ zwei verschiedene Darstellungen durch einen Dezimalbruch, nämlich $0,419$ und $0,418\overline{9}$. Allgemein gilt:

> Die Darstellung eines Bruches durch einen Dezimalbruch ist eindeutig bis auf die Periode 9. Merke: $\boxed{0,\overline{9} = 1}$

Beispiele:

$1,6 \cdot \frac{25}{8} = \frac{16}{10} \cdot \frac{25}{8} = \underline{5}$

$\frac{9}{7} - \frac{8}{9} \cdot 2,25 = \frac{9}{7} - \frac{8}{9} \cdot \frac{9}{4} = \underline{-\frac{5}{7}}$

$6,3 : 90 = \underline{0,07}$

$2,5 - 3 : 0,5 = 2,5 - 6 = \underline{-3,5}$

$$\frac{5,6 - \frac{8}{5}}{0,04} = \frac{\frac{56}{10} - \frac{16}{10}}{\frac{4}{100}} = \frac{40}{10} \cdot \frac{100}{4} = \underline{100}$$

$$\frac{\frac{1}{2} - 0,08}{0,4 - \frac{3}{4}} = \ \ldots\ = \underline{-1,2}$$

$-\frac{11}{5} + 0,4 \cdot \frac{3}{4} = -\frac{11}{5} + \frac{4}{10} \cdot \frac{3}{4} = \underline{-\frac{19}{10}}$

$1,2 \cdot \frac{5}{6} + \frac{1}{3} \cdot 2,7 = \frac{12}{10} \cdot \frac{5}{6} + \frac{1}{3} \cdot \frac{27}{10} = 1 + \frac{9}{10} = \underline{\frac{19}{10}}$

$$\begin{array}{l} \frac{23}{20} = 23:20 = 1,15 \\ \quad \underline{20} \\ \quad\; 30 \\ \quad \underline{20} \\ \quad 100 \\ \quad \underline{100} \end{array} \qquad \begin{array}{l} \frac{21}{13} = 21:13 = 1,\overline{615384} \\ \quad \underline{13} \\ \quad \boxed{80} \\ \quad \underline{78} \\ \qquad 20 \\ \qquad \underline{13} \\ \qquad\; 70 \\ \qquad\; \underline{65} \\ \qquad\quad 50 \\ \qquad\quad \underline{39} \\ \qquad\quad 110 \\ \qquad\quad \underline{104} \\ \qquad\qquad 60 \\ \qquad\qquad \underline{52} \\ \qquad\qquad \boxed{80} \end{array}$$

Bei den eingerahmten Resten beginnt die Wiederholung, also ergibt sich die angegebene Periode.

$x = 3,8\overline{3}: \quad 10x = 38,3\overline{3} \quad 9x = 10x - x = 34,5 \quad \text{also } x = \frac{345}{90} = \underline{\frac{23}{6}}$

$x = 0,4\overline{60}: \quad 100x = 46,0\overline{60} \quad 99x = 45,6 \quad \text{also } x = \frac{456}{990} = \underline{\frac{76}{165}}$

$0,\overline{27} + 0,\overline{3} = \frac{27}{99} + \frac{3}{9} = \frac{60}{99} = \frac{20}{33} = 0,\overline{60}$ oder direkt

$$\begin{array}{r} 0,272727\ldots \\ \underline{+0,333333\ldots} \\ 0,606060\ldots \end{array}$$

$0,\overline{35} - 0,1\overline{3}:$ direkt

$$\begin{array}{r} 0,353535\ldots \\ \underline{-0,133333\ldots} \\ 0,220202\ldots \end{array}$$

also $0,\overline{35} - 0,1\overline{3} = 0,2\overline{20} = \underline{\frac{109}{495}}$

$\frac{5}{4} : 1,5 = \frac{5}{4} \cdot \frac{2}{3} = \underline{\frac{5}{6}} \qquad \frac{9}{8} : 1,25 = \frac{9}{8} : \frac{5}{4} = \frac{9}{8} \cdot \frac{4}{5} = \underline{\frac{9}{10}}$

$2 \cdot 0,1\overline{7} = 2 \cdot \frac{16}{90} = \frac{16}{45} = \underline{0,3\overline{5}}$ oder $2 \cdot 0,1\overline{7} = 0,1777\ldots \cdot 2 = \underline{0,3555\ldots}$

$5 \cdot 3,4\overline{3} = 3,4333\ldots \cdot 5 = 17,1666\ldots = \underline{17,1\overline{6}}$

$\frac{0,\overline{32}}{1,\overline{7}} = \frac{32}{99} : \frac{16}{9} = \frac{32}{99} \cdot \frac{9}{16} = \frac{2}{11} = \underline{0,\overline{18}}$

$3,\overline{5} : \frac{3}{5} = 3\frac{5}{9} : \frac{3}{5} = \frac{32}{9} \cdot \frac{5}{3} = \frac{160}{27} = \underline{5,9\overline{259}2}$

Weitere Dezimalbrüche sind nicht-abbrechende, nicht-periodische Dezimalbrüche, wie z.B. $1,01001000100001\ldots$. Diese stellen keine Brüche dar, sondern sog. irrationale Zahlen. Dazu gehören z.B.

$$\begin{array}{rcll} \sqrt{2} & = & 1,414214\ldots & \text{(nicht periodisch)} \\ \sqrt{3} & = & 1,732051\ldots & \quad '' \\ \pi & = & 3,141593\ldots & \quad '' \\ \mathrm{e} & = & 2,718282\ldots & \quad '' \end{array}$$

Die rationalen Zahlen (Brüche) und die irrationalen Zahlen bilden zusammen die Menge $\mathbb{R}$ der reellen Zahlen.

1.4 Grundrechenregeln in $\mathbb{R}$

Die wichtigsten Rechenregeln für das Rechnen mit reellen Zahlen sind:

Rechenregeln in $\mathbb{R}$

für die **Addition**:

1.	$a+b=b+a$	Kommutativgesetz der Add.
2.	$(a+b)+c=a+(b+c)=a+b+c$	Assoziativgesetz der Add.

für die **Multiplikation:**

3.	$a\cdot b=b\cdot a$	Kommutativgesetz der Mult.
4.	$(a\cdot b)\cdot c=a\cdot(b\cdot c)=abc$	Assoziativgesetz der Mult.

und für beide Rechenoperationen:

5.	$a\cdot(b+c)=a\cdot b+a\cdot c$	Distributivgesetz

Im Distributivgesetz nennt man den Übergang von links nach rechts **Ausmultiplizieren** und den Übergang von rechts nach links **Ausklammern** oder **Faktorisieren**. Das Ausklammern ist der wichtigere Prozess, da bei der Betrachtung von mathematischen Termen ein Produkt meist aussagekräftiger ist als eine Summe.
Diese Regeln erlauben bei sog. Kettenaufgaben den Verzicht auf Klammersetzung sowie geschicktes Vorgehen beim Rechnen, z.B. :

$$23-11+17+20-9=(23+17)+20-(11+9)=40$$
$$7\cdot8\cdot5\cdot3\cdot4=21\cdot8\cdot20=42\cdot8\cdot10=3360$$
$$14-(-7)+8-4=10+15=25$$

Weitere abgeleitete Regeln, die man sich merken sollte, sind:

6.	$-(a+b)=-a-b \quad , \quad -(a-b)=-a+b$
7.	$(a+b)(c+d)=ac+ad+bc+bd$

Zwei Rechenbeispiele:

- $(0,7+\frac{7}{4})\cdot\frac{5}{7}=\frac{7}{10}\cdot\frac{5}{7}+\frac{7}{4}\cdot\frac{5}{7}=\frac{1}{2}+\frac{5}{4}=\underline{\frac{7}{4}}$
  oder
  $(0,7+\frac{7}{4})\cdot\frac{5}{7}=(\frac{7}{10}+\frac{7}{4})\cdot\frac{5}{7}=\frac{49}{20}\cdot\frac{5}{7}=\frac{7}{4}$

- $(0,2\cdot\frac{2}{3}-4,2:\frac{6}{5}):(3-\frac{288}{101})=(\frac{2}{10}\cdot\frac{2}{3}-\frac{42}{10}\cdot\frac{5}{6}):\frac{15}{101}=(\frac{2}{15}-\frac{7}{2})\frac{15}{101}$
  $=-\frac{101}{30}\cdot\frac{15}{101}=\underline{-\frac{1}{2}}$

Im folgenden werden einige Termumformungen mit Hilfe der angegebenen Rechengesetze durchgeführt.

1. Man multipliziere aus:

$$-(x-(y-x)-((x-y)-y)) = -(x-y+x-(x-y)+y) =$$
$$= -(x-y+x-x+y+y) = -(x+y) = \underline{-x-y}$$

$$-3(4a-3(b-2a-2(a-3b))) = -3(4a-3b+6a+6a-18b) = \underline{-48a-63b}$$

$$(-x)(u-v+y-z) = \underline{-xu+xv-xy+xz}$$

$$-(a-b)(b-a) = -(ab-a^2-b^2+ba) = \underline{a^2-2ab+b^2}$$

$$(4x-7y)(2y-x) = 8xy-4x^2-14y^2+7xy = \underline{15xy-4x^2-14y^2}$$

$$(2x+y-3z)(4a-2b) = 2(2x+y-3z)(2a-b) =$$
$$= 2(4ax-2bx+2ay-by-6az+3bz) = \underline{8ax-4bx+4ay-2by-12az+6bz}$$

2. Man klammere aus:

$$3a(2x+y)-2b(2x+y) = \underline{(2x+y)(3a-2b)}$$

$$4a(x-y)+2b(y-x) = 4a(x-y)-2b(x-y) = \underline{(x-y)(4a-2b)}$$

$$7xy+y-7xx-x = 7x(y-x)+(y-x) = \underline{(7x+1)(y-x)}$$

3. Man vereinfache:

$$(1-\tfrac{1}{a}):(b-\tfrac{b}{a}) = \frac{a-1}{a} : \frac{ab-b}{a} = \frac{a-1}{ab-b} = \frac{a-1}{b(a-1)} = \underline{\frac{1}{b}}$$

$$\frac{(2n+1)(2-n)-3n}{(n+1)(n-1)} = \frac{4n+2-2n^2-n-3n}{n^2+n-n-1} = \frac{-2(n^2-1)}{n^2-1} = \underline{-2}$$

$$\frac{a-\frac{1}{3a}}{1-\frac{1}{3a}} = \frac{3a^2-1}{3a}\cdot\frac{3a}{3a-1} = \underline{\frac{3a^2-1}{3a-1}}$$

$$\frac{3d+2}{3d}-\frac{3d}{3d-2} = \frac{(3d+2)(3d-2)-3d\cdot 3d}{3d(3d-2)} = \underline{\frac{9d^2+6d-6d-4-9d^2}{3d(3d-2)}}$$
$$= \frac{-4}{9d^2-6d} = \underline{\frac{4}{6d-9d^2}}$$

$$\frac{23x-20y}{x-y}+\frac{7x-3y}{y-x}-\frac{8x-9y}{x-y} = \frac{23x-20y-7x+3y-8x+9y}{x-y} = \frac{8x-8y}{x-y} = \underline{8}$$

$$\frac{30ax+24bx-35ay-28by}{5a+4b} = \frac{6x(5a+4b)-7y(5a+4b)}{5a+4b} = \underline{6x-7y}$$

$$\frac{8+5n}{n+1}-\frac{7a+3}{5a-3}-\frac{36n+15a+27}{5an-3n+5a-3} = \frac{8+5n}{n+1}-\frac{7a+3}{5a-3}-\frac{36n+15a+27}{(5a-3)(n+1)} =$$
$$= \frac{(8+5n)(5a-3)-(7a+3)(n+1)-36n-15a-27}{(5a-3)(n+1)} =$$
$$= \frac{18a+18an-54n-54}{(5a-3)(n+1)} = \frac{18(n+1)(a-3)}{(5a-3)(n+1)} = \underline{\frac{18(a-3)}{5a-3}}$$

1.5 Potenzrechnung, binomische Formeln

Ist a eine reelle Zahl und n eine natürliche Zahl ≥ 1, so ist

$$a^n := \underbrace{a \cdot a \cdot \ \ldots \ \cdot a}_{n \text{ Faktoren } a} .$$

a heißt **Basis**, n heißt **Exponent**. Die Rechenregeln in $\mathbb{R}$ liefern die folgenden Potenzrechengesetze:

Potenzrechengesetze

1. $\boxed{a^n \cdot a^m = a^{n+m}}$
   in Worten: Potenzen mit gleicher Basis werden multipliziert, indem man die gemeinsame Basis mit der **Summe der Exponenten** potenziert.

2. $\boxed{a^n : a^m = \begin{cases} a^{n-m} & \text{falls } n > m \\ \frac{1}{a^{m-n}} & \text{falls } m > n \\ 1 & \text{falls } m = n \end{cases}}$
   Potenzen mit gleicher Basis werden dividiert, indem man die gemeinsame Basis mit der **Differenz der Exponenten** potenziert. (siehe dazu weiter unten (2))

3. $\boxed{(a^n)^m = a^{nm}}$
   Potenzen werden potenziert, indem man die Basis mit dem **Produkt der Exponenten** potenziert.

4. $\boxed{a^n \cdot b^n = (ab)^n}$
   Potenzen mit gleichen Exponenten werden multipliziert, indem man das **Produkt der Basen** mit dem gemeinsamen Exponenten potenziert.

5. $\boxed{\frac{a^n}{b^n} = (\frac{a}{b})^n}$
   Potenzen mit gleichen Exponenten werden dividiert, indem man den **Quotienten der Basen** mit dem gemeinsamen Exponenten potenziert.

z.B. $5^3 \cdot 5^2 \cdot 5^5 = 5^{10}$, $2^3 : 3^5 = \frac{2^3}{2^5} = \frac{1}{2^2}$, $(7^3)^2 = 7^6$, $(\frac{1}{2})^3 \cdot 2^3 = (\frac{1}{2} \cdot 2)^3 = 1$

Ferner definiert man $\boxed{a^0 := 1 \qquad \text{und} \qquad a^{-n} = \frac{1}{a^n}}$

z.B. $2^{-2} = \frac{1}{2^2} = \frac{1}{4}$, $(\frac{1}{3})^{-1} = \frac{1}{\frac{1}{3}} = 3$, $(\frac{2}{3})^{-3} = (\frac{3}{2})^3 = \frac{27}{8}$.
Damit sind Potenzen mit ganzzahligen Exponenten definiert und für alle diese Potenzen gelten ebenfalls die angegebenen Potenzrechengesetze, wobei man die Regel 2 jetzt einfach durch $\boxed{2. \quad a^n : a^m = a^{n-m}}$ ersetzen kann.

Beispiele: $3^{-3} \cdot 3^4 \cdot 3^{-1} = 3^{-3+4-1} = 3^0 = 1$, $(2^{-2})^{-3} = 2^6 = 64$
$(\frac{2}{5})^{-2} \cdot (\frac{1}{2})^{-2} = (\frac{1}{5})^{-2} = 5^2 = 25$, $\frac{3^{-2}}{3^3} = 3^{-2-3} = 3^{-5} = \frac{1}{3^5} = \frac{1}{243}$

Die nächste Erweiterung auf Potenzen mit rationalzahligen Exponenten geschieht über Wurzeln. Zunächst gilt der folgende

Satz Ist a eine **nicht negative Zahl** und n eine natürliche Zahl, so gibt es genau eine nicht negative Zahl b, deren n-te Potenz a ist, für die also $b^n = a$ gilt.

Schreibweise: $b = \sqrt[n]{a}$, gelesen: n-te Wurzel aus a.
Statt $\sqrt[2]{a}$ schreibt man $\sqrt{a}$, gelesen: Wurzel aus a.
Für die n-te Wurzel $\sqrt[n]{a}$ benutzt man auch die Potenzschreibweise $a^{\frac{1}{n}}$ und setzt:

$$a^{\frac{m}{n}} := (\sqrt[n]{a})^m \quad \text{für } n \in \mathbb{N} \text{ und } m \in \mathbb{Z}.$$

Es gilt $(\sqrt[n]{a})^m = \sqrt[n]{a^m}$, also $(\sqrt[n]{a})^n = \sqrt[n]{a^n} = a$.

z.B. $2^{\frac{1}{2}} = \sqrt{2}$, $2^{\frac{3}{2}} = \sqrt{2^3}$, $2^{-\frac{5}{4}} = (\sqrt[4]{2})^{-5} = \frac{1}{2^{\frac{5}{4}}} = \frac{1}{\sqrt[4]{2^5}}$.

Damit sind Potenzen mit rationalzahligen Exponenten definiert. Die obigen Potenzrechengesetze gelten für alle Potenzen mit rationalzahligen Exponenten. Sie liefern die folgenden **Wurzelgesetze**:

Wurzelgesetze

1. $\sqrt[n]{a} \cdot \sqrt[m]{a} = \sqrt[nm]{a^{n+m}}$, denn $\sqrt[n]{a} \cdot \sqrt[m]{a} = a^{\frac{1}{n}} \cdot a^{\frac{1}{m}} = a^{\frac{1}{n}+\frac{1}{m}} = a^{\frac{n+m}{nm}}$
2. $\sqrt[n]{a} : \sqrt[m]{a} = \sqrt[nm]{a^{m-n}}$, denn $\sqrt[n]{a} : \sqrt[m]{a} = a^{\frac{1}{n}} : a^{\frac{1}{m}} = a^{\frac{1}{n}-\frac{1}{m}} = a^{\frac{m-n}{nm}}$
3. $\sqrt[m]{\sqrt[n]{a}} = \sqrt[nm]{a}$, denn $(a^{\frac{1}{n}})^{\frac{1}{m}} = a^{\frac{1}{nm}}$
4. $\sqrt[n]{a} \cdot \sqrt[n]{b} = \sqrt[n]{ab}$, denn $a^{\frac{1}{n}} \cdot b^{\frac{1}{n}} = (ab)^{\frac{1}{n}}$
5. $\frac{\sqrt[n]{a}}{\sqrt[n]{b}} = \sqrt[n]{\frac{a}{b}}$, denn $\frac{a^{\frac{1}{n}}}{b^{\frac{1}{n}}} = (\frac{a}{b})^{\frac{1}{n}} = \sqrt[n]{\frac{a}{b}}$ speziell: $\sqrt[n]{\frac{1}{a}} = \frac{1}{\sqrt[n]{a}}$

Beispiele: $\sqrt{2} \cdot \sqrt{8} = \sqrt{16} = 4$, $\frac{\sqrt[3]{81}}{\sqrt[3]{3}} = \sqrt[3]{\frac{81}{3}} = \sqrt[3]{27} = 3$

$\sqrt{\sqrt{5}} = \sqrt[4]{5}$, $\sqrt[3]{4} \cdot \sqrt[5]{4} = \sqrt[15]{4^8} = \sqrt[15]{2^{16}} = \sqrt[15]{2^{15} \cdot 2} = \sqrt[5]{2^{15}} \cdot \sqrt[15]{2} = 2\sqrt[15]{2}$

Rationalmachen des Nenners

$\frac{1}{\sqrt{2}} = \frac{1}{\sqrt{2}} \cdot \frac{\sqrt{2}}{\sqrt{2}} = \frac{1}{2}\sqrt{2}$ erweitert mit $\sqrt{2}$

$\frac{1}{\sqrt[3]{5^2}} = \frac{1}{\sqrt[3]{5^2}} \cdot \frac{\sqrt[3]{5}}{\sqrt[3]{5}} = \frac{1}{5}\sqrt[3]{5}$ erweitert mit $\sqrt[3]{5}$

Wichtig!

Beispiele: Man vereinfache

$\frac{2^5 \cdot 2^8}{2^{10}} = \frac{2^{13}}{2^{10}} = 2^3 = \underline{8}$ $\qquad$ $\frac{5^3 \cdot 5^{-7}}{5^{-2} \cdot 5} = \frac{5^{-4}}{5^{-1}} = 5^{-4-(-1)} = 5^{-3} = \underline{\frac{1}{125}}$

$(-\frac{3}{2})^2 - (-\frac{1}{2})^3 = \frac{9}{4} - (-\frac{1}{8}) = \frac{19}{8}$ $\qquad$ $(-\frac{2}{3})^3 - (-\frac{3}{2})^3 = -\frac{8}{27} - (-\frac{27}{8}) = \underline{\frac{665}{216}}$

$$10^2 \cdot (2\sqrt{5})^{-3} \cdot 5^{0,5} = \frac{10^2 \cdot \sqrt{5}}{2^3 \cdot (\sqrt{5})^3} = \frac{2^2 \cdot 5^2 \cdot \sqrt{5}}{2^3 \cdot 5 \cdot \sqrt{5}} = \underline{\frac{5}{2}}$$

$$\sqrt[3]{2} \cdot \sqrt{5} \cdot \sqrt[3]{4} \cdot \sqrt{15} = \sqrt[3]{8} \cdot \sqrt{5} \cdot \sqrt{5} \cdot \sqrt{3} = 2 \cdot 5\sqrt{3} = \underline{10\sqrt{3}}$$

$$(\sqrt[5]{4} \cdot \sqrt[3]{16} \cdot \sqrt{2}) : \sqrt[30]{2^7} = (\sqrt[5]{2^2} \cdot \sqrt[3]{2^4} \cdot \sqrt{2}) : \sqrt[30]{2^7} = 2^{\frac{2}{5}} \cdot 2^{\frac{4}{3}} \cdot 2^{\frac{1}{2}} \cdot 2^{-\frac{7}{30}} =$$
$$= 2^{\frac{2}{5}+\frac{4}{3}+\frac{1}{2}-\frac{7}{30}} = 2^{\frac{12+40+15-7}{30}} = 2^{\frac{60}{30}} = 2^2 = \underline{4}$$

$$(2^{-4})^2 : (2^{-3} : (2^{-2})^{-1}) = 2^{-8} : (2^{-3} : 2^2) = 2^{-8} : 2^{-5} = 2^{-3} = \underline{\frac{1}{8}}$$

$(\frac{2}{3}ab)^3 = \underline{\frac{8}{27}a^3b^3}$ $\qquad$ $\frac{x^2y^2}{ab} : \frac{xy^{-1}}{a^3b} = \frac{x^2y^2a^3b}{abxy^{-1}} = \underline{a^2xy^3}$

$\sqrt[3]{\frac{64p^2}{r^3}} \cdot \sqrt{20,25r^2} = \frac{4\sqrt[3]{p^2}}{r} \cdot r \cdot 4,5 = \underline{18\sqrt[3]{p^2}}$ $\qquad$ $((a^2b^{-3})^{-2})^4 = (a^{-4}b^6)^4 = \underline{\frac{b^{24}}{a^{16}}}$

$\frac{a^{-2}+a^{-3}}{a^{-5}+a^{-6}} = \frac{a^{-3}(a+1)}{a^{-6}(a+1)} = \underline{a^3}$ $\qquad$ $\frac{a^2 - a^{-2}b^2}{b^2 - (\frac{b}{a})^4} = \frac{a^2(1-a^{-4}b^2)}{b^2(1-b^2a^{-4})} = \underline{\frac{a^2}{b^2}}$

Beim Rechnen mit Potenzen sind die **binomischen Formeln** wichtig:

Binomische Formeln

$(a+b)^2 = a^2 + 2ab + b^2 \quad (a-b)^2 = a^2 - 2ab + b^2 \quad (a+b)(a-b) = a^2 - b^2$

$$(a+b)^n = a^n + \binom{n}{1}a^{n-1}b + \binom{n}{2}a^{n-2}b^2 + \ldots + \binom{n}{n-1}ab^{n-1} + b^n$$

Dabei sind $\binom{n}{k}$ die sog. **Binomialkoeffizienten** (lies n über k), definiert für natürliche Zahlen n, k mit $0 \le k \le n$ durch $\binom{n}{k} := \frac{n!}{k!(n-k)!}$, wobei $0! := 1$ und $k! := 1 \cdot 2 \cdots k$ ($k!$ lies: k-Fakultät).

Beispiele zur Berechnung von Binomialkoeffizienten:

$\binom{6}{2} = \frac{6!}{2! \cdot 4!} = \frac{6 \cdot 5}{1 \cdot 2} = 15 \quad , \quad \binom{7}{5} = \frac{7!}{5! \cdot 2!} = \frac{7!}{2! \cdot 5!} = \binom{7}{2} = \frac{7 \cdot 6}{1 \cdot 2} = 21$

Allgemein gilt: $\binom{n}{k} = \frac{n \cdot (n-1) \cdots (n-k+1)}{k!}$, z.B $\binom{8}{3} = \frac{8 \cdot 7 \cdot 6}{1 \cdot 2 \cdot 3} = 56.$

Formeln für die Binomialkoeffizienten

$\binom{n}{k} = \binom{n}{n-k} \qquad \binom{n+1}{k} = \binom{n}{k} + \binom{n}{k-1}$ (Rekursionsformel)

Beispiele: Anwendungen der binomischen Formeln

$$\frac{6(a-b)^2}{7(a+b)} : \frac{9(a-b)^3}{14(a+b)^2} = \frac{6(a-b)^2 \cdot 14(a+b)^2}{7(a+b) \cdot 9(a-b)^3} = \underline{\frac{4}{3} \cdot \frac{a+b}{a-b}}$$

$$(2a+5b)^2 = \underline{4a^2 + 20ab + 25b^2} \qquad (3a-4b)^2 = \underline{9a^2 - 24ab + 16b^2}$$

$$\frac{16r^2-s^2}{(4r-s)r} - \frac{3s+rs}{r(3+r)} = \frac{(4r-s)(4r+s)}{(4r-s)r} - \frac{s(3+r)}{r(3+r)} = \frac{4r+s}{r} - \frac{s}{r} = \underline{4}$$

$$\frac{4a-4b}{7a+7b} : \frac{12a^2-24ab+12b^2}{63a^2-63b^2} = \frac{4(a-b) \cdot 63(a+b)(a-b)}{7(a+b) \cdot 12(a-b)^2} = \underline{3}$$

$$\frac{x^2-y^2}{(y-x)x} + \frac{y^2-x^2}{(y+x)x} = \frac{(x^2-y^2)(y+x)+(y^2-x^2)(y-x)}{(y-x)(y+x)\,x}$$

$$= \frac{(y^2-x^2)((-1)(y+x)+y-x)}{(y^2-x^2)\,x} = \frac{-2x}{x} = \underline{-2}$$

$$\frac{a-b}{a+b} : \frac{a^2-b^2}{(a+b)^2} = \frac{(a-b)(a+b)^2}{(a+b)(a+b)(a-b)} = \underline{1}$$

$(a+b)^4 = \underline{a^4 + 4a^3b + 6a^2b^2 + 4ab^3 + b^4}$ siehe 5. Zeile PASCAL-Dreieck

Im PASCALschen Dreieck können Binomialkoeffizienten $\binom{n}{k}$ für kleine n und k leicht berechnet werden.

Pascalsches Dreieck

Binomialkoeffizienten $\binom{n}{k}$ ausgerechnet

$$\begin{array}{c} \binom{0}{0} \\ \binom{1}{0} \quad \binom{1}{1} \\ \binom{\mathbf{2}}{\mathbf{0}} \quad \binom{\mathbf{2}}{\mathbf{1}} \quad \binom{\mathbf{2}}{\mathbf{2}} \\ \binom{3}{0} \quad \binom{3}{1} \quad \binom{3}{2} \quad \binom{3}{3} \\ \binom{4}{0} \quad \binom{4}{1} \quad \binom{4}{2} \quad \binom{4}{3} \quad \binom{4}{4} \\ \binom{5}{0} \quad \binom{5}{1} \quad \binom{5}{2} \quad \binom{5}{3} \quad \binom{5}{4} \quad \binom{5}{5} \\ \vdots \qquad\qquad \vdots \end{array}$$

$$\boxed{\begin{aligned} (a+b)^2 &= \binom{\mathbf{2}}{\mathbf{0}}a^2 + \binom{\mathbf{2}}{\mathbf{1}}ab + \binom{\mathbf{2}}{\mathbf{2}}b^2 \\ &= \mathbf{1}\ a^2 + \mathbf{2}\ ab + \mathbf{1}\ b^2 \end{aligned}}$$

$$\begin{array}{c} 1 \\ 1 \quad 1 \\ \mathbf{1} \quad \mathbf{2} \quad \mathbf{1} \\ 1 \quad 3 \quad 3 \quad 1 \\ 1 \quad 4 \quad 6 \quad 4 \quad 1 \\ 1 \quad 5 \quad 10 \quad 10 \quad 5 \quad 1 \\ 1 \quad 6 \quad 15 + 20 \quad 15 \quad 6 \quad 1 \\ 1 \quad 7 \quad 21 \quad 35 \quad 35 \quad 21 \quad 7 \quad 1 \\ 1 \quad 8 \quad 28 \quad 56 \quad 70 \quad 56 \quad 28 \quad 8 \quad 1 \end{array}$$

Das Berechnungsschema ist angedeutet: $35 = \binom{7}{3} = \binom{6}{2} + \binom{6}{3} = 15 + 20$

Beispiel: $(a+b)^3 = \binom{\mathbf{3}}{\mathbf{0}}a^3 + \binom{\mathbf{3}}{\mathbf{1}}a^2b + \binom{\mathbf{3}}{\mathbf{2}}ab^2 + \binom{\mathbf{3}}{\mathbf{3}}b^3 = 1a^3 + 3a^2b + 3ab^2 + 1b^3$

Die auf der vorigen Seite angegebene Rekursionsformel ergibt genau das Berechnungsschema für die Zahlen im PASCALschen-Dreieck.

1.6 Logarithmen

Betrachten wir die Gleichung $a^b = c$ mit geeignet gewählten Variablen. Sind a, b gegeben, so ergibt sich c durch Potenzrechnung. Sind b, c gegeben, so ergibt sich a durch Wurzelziehen (Radizieren) zu $a = \sqrt[b]{c}$.
Sind a, c gegeben, so ergibt sich b durch sog. **Logarithmieren**; man schreibt $b = \log_a c$ (lies: b gleich Logarithmus von c zur Basis a). Exakt gilt also folgender grundlegender Zusammenhang:

	$\log_a c = b \iff a^b = c \quad (a > 0, a \neq 1, c > 0)$
	$\iff a^{\log_a c} = c$
in Worten:	Der Logarithmus von c zur Basis a ist derjenige Exponent b, mit dem man a potenzieren muss, um c zu erhalten.

Beispiele:
$\log_2 8 = 3$, da $2^3 = 8$, $\log_5 25 = 2$, da $5^2 = 25$
$\log_3 \frac{1}{3} = -1$, da $3^{-1} = \frac{1}{3}$, $\log_5 \sqrt{5} = \frac{1}{2}$, da $5^{\frac{1}{2}} = \sqrt{5}$
$\log_{\frac{1}{2}} 1024 = -10$, da $(\frac{1}{2})^{-10} = 1024$, $\log_7 1 = 0$, da $7^0 = 1$
Man berechne jeweils x:

$\log_{\frac{1}{3}} 81 = x$	$\iff$	$(\frac{1}{3})^x = 81$	$\iff$	$x = -4$	Logarithmieren
$\log_2 x = -3$	$\iff$	$2^{-3} = x$	$\iff$	$x = \frac{1}{8}$	Potenzieren
$\log_x 9 = 2$	$\iff$	$x^2 = 9$	$\iff$	$x = \sqrt{9} = 3$	Radizieren

Ist die Basis a die Zahl 10, so schreibt man gelegentlich noch $\log_{10} c =: \lg c$, ist die Basis a die EULERsche Zahl $\mathrm{e} = 2,718281\ldots$, so schreibt man $\log_{\mathrm{e}} c =: \ln c$ und nennt ln den **natürlichen Logarithmus**.
Für das Rechnen mit Logarithmen (Exponenten) gelten die folgenden Gesetze:

Logarithmengesetze

$$\log_a xy = \log_a x + \log_a y \qquad \log_a \frac{x}{y} = \log_a x - \log_a y \qquad \log_a x^r = r \log_a x$$

$$\log_a x = \frac{\log_b x}{\log_b a} \quad \text{speziell} \quad \log_a x = \frac{\ln x}{\ln a} \qquad (*)$$

$$a^{\log_a x} = x \quad \text{speziell} \quad \mathrm{e}^{\ln x} = x \quad \text{für } x > 0$$

Insbesondere das Gesetz $(*)$ ist beim Umgang mit Taschenrechnern sehr wichtig, da auf Taschenrechnern meist nur der natürliche Logarithmus abrufbar ist und daher z.B. $\log_7 5$ nur über $\log_7 5 = \frac{\ln 5}{\ln 7}$ mit dem Taschenrechner berechnet werden kann.
Bei den folgenden Beispielen wird häufig das folgende Gesetz benutzt:

Für $a > 0, a \neq 1$ gilt: $a^{t_1} = a^{t_2} \iff t_1 = t_2$

Eine Begründung hierfür findet man in Abschnitt 4.4.

Beispiele:

$$\log_{\frac{1}{2}} 8 = x \iff (\tfrac{1}{2})^x = 8 \iff \underline{x = -3}$$

$$\log_2 \sqrt[3]{16} = x \iff 2^x = \sqrt[3]{16} \iff 2^x = 2^{\frac{4}{3}} \iff \underline{x = \tfrac{4}{3}}$$

$$\log_2 \sqrt[10]{4^7} = x \iff 2^x = 4^{\frac{7}{10}} \iff 2^x = (2^2)^{\frac{7}{10}} \iff \underline{x = \tfrac{7}{5}}$$

$$\log_{10} \tfrac{1}{10^5} = x \iff 10^x = \tfrac{1}{10^5} \iff \underline{x = -5}$$

$$\log_{\frac{1}{2}} \sqrt[7]{1024} = x \iff (\tfrac{1}{2})^x = \sqrt[7]{1024} \iff 2^{-x} = 2^{\frac{10}{7}} \iff \underline{x = -\tfrac{10}{7}}$$

$$\log_{\frac{2}{3}} \sqrt{\tfrac{8}{27}} = x \iff (\tfrac{2}{3})^x = \sqrt{\tfrac{8}{27}} \iff (\tfrac{2}{3})^x = (\tfrac{2^3}{3^3})^{\frac{1}{2}}$$

$$\iff (\tfrac{2}{3})^x = (\tfrac{2}{3})^{\frac{3}{2}} \iff \underline{x = \tfrac{3}{2}}$$

Gegeben sind $\ln 2 = 0,69\ldots$, $\ln 3 = 1,10\ldots$, und $\ln 5 = 1,61\ldots$.
Damit kann man z.B. berechnen:

$$\ln 6 = \ln(2 \cdot 3) = \ln 2 + \ln 3 = 1,79\ldots \qquad \ln 9 = ln 3^2 = 2\ln 3 = 2,20\ldots$$

$$\ln 75 = \ln(3 \cdot 25) = \ln 3 + 2\ln 5 = 4,32\ldots$$

$$\ln 81 = \ln 3^4 = 4\ln 3 = 4,40\ldots$$

$$\ln 1000 = \ln 10^3 = 3\ln 10 = 3(\ln 2 + \ln 5) = 6,90\ldots$$

$$\ln \tfrac{2}{3} = \ln 2 - \ln 3 = -0,41\ldots \qquad \ln 2,5 = \ln \tfrac{5}{2} = \ln 5 - \ln 2 = 0,92\ldots$$

$$\ln \tfrac{1}{1000} = -\ln 1000 = -6,90\ldots \qquad \ln \tfrac{4}{9} = \ln(\tfrac{2}{3})^2 = 2\ln \tfrac{2}{3} = -0,82\ldots$$

$$\ln \sqrt{5} = \tfrac{1}{2}\ln 5 = 0,85\ldots \qquad \ln \sqrt[3]{15} = \tfrac{1}{3}(\ln 3 + \ln 5) = 0,90\ldots$$

Mit dem Taschenrechner erhält man:

$$\log_5 7 = \tfrac{\ln 7}{\ln 5} = 1,21\ldots \qquad \log_2 30 = \frac{\ln 30}{\ln 2} = 4,91\ldots$$

$$\log_8 \tfrac{3}{7} = \tfrac{\ln 3 - \ln 7}{\ln 8} = -0,41\ldots \qquad \log_{10} \mathrm{e} = \frac{\ln \mathrm{e}}{\ln 10} = \frac{1}{\ln 10} = 0,43\ldots$$

Folgende Terme lassen sich mit den Logarithmengesetzen vereinfachen:

$$\log_2 8 + \log_2 4 - \log_2 16 = \log_2 \tfrac{8 \cdot 4}{16} = \log_2 2 = 1$$

$$\log_7 14 - \log_7 4 + \log_7 6 = \log_7 \tfrac{14 \cdot 6}{4} = \log_7(3 \cdot 7) = 1 + \log_7 3 = 1,56\ldots$$

$$\ln(3\mathrm{e})^2 - \ln 9 = \ln \tfrac{3^2\,\mathrm{e}^2}{9} = \ln \mathrm{e}^2 = 2$$

$$\ln \sqrt[3]{5} + \ln \sqrt{2} - \ln \sqrt{10} = \tfrac{1}{3}\ln 5 + \tfrac{1}{2}\ln 2 - \tfrac{1}{2}\ln 2 - \tfrac{1}{2}\ln 5 = -\tfrac{1}{6}\ln 5 = -0,27\ldots$$

$$\lg \tfrac{\sqrt{a} \cdot \sqrt[3]{b^2}}{\sqrt[5]{c^4}} - 4\lg \tfrac{\sqrt{a}}{\sqrt[3]{b} \cdot \sqrt[5]{c}} = \lg \tfrac{\sqrt{a} \cdot \sqrt[3]{b^2}}{\sqrt[5]{c^4}} - \lg(\tfrac{\sqrt{a}}{\sqrt[3]{b} \cdot \sqrt[5]{c}})^4 =$$

$$= \lg \frac{a^{\frac{1}{2}} \cdot b^{\frac{2}{3}}}{c^{\frac{4}{5}}} - \lg \frac{a^2}{b^{\frac{4}{3}} \cdot c^{\frac{4}{5}}} = \lg(\frac{a^{\frac{1}{2}} \cdot b^{\frac{2}{3}}}{c^{\frac{4}{5}}} \cdot \frac{b^{\frac{4}{3}} \cdot c^{\frac{4}{5}}}{a^2}) = \lg \frac{b^2}{a^{\frac{3}{2}}} = 2\lg b - \frac{3}{2}\lg a$$

1.7 Dualsystem

Üblicherweise werden reelle Zahlen im **Dezimalsystem** dargestellt. Man benutzt **10** verschiedene Ziffern $0, 1, 2, 3, 4, 5, 6, 7, 8, 9$ zur Darstellung von Zahlen und ordnet den Ziffern Potenzen von 10 gemäß ihrer Stellung in der Zahl zu (man spricht von Stellenwertsystem), also z.B.

$$625,47 = 6 \cdot 10^2 + 2 \cdot 10^1 + 5 \cdot 10^0 + 4 \cdot 10^{-1} + 7 \cdot 10^{-2}.$$

Beim **Dualsystem**[1] benutzt man nur die Ziffern 0 und 1 und ordnet den Ziffern Potenzen von **2** gemäß ihrer Stellung in der Zahl zu, also z.B.

$$\begin{array}{rcl} 10110,011 & = & 1 \cdot 2^4 + 0 \cdot 2^3 + 1 \cdot 2^2 + 1 \cdot 2^1 + 0 \cdot 2^0 + 0 \cdot 2^{-1} + 1 \cdot 2^{-2} + 1 \cdot 2^{-3} \\ \text{dezimal} & = & 16 + 4 + 2 + \frac{1}{4} + \frac{1}{8} = 22,375 \end{array}$$

Die Ziffern bedeuten hier also vom Komma nach links die Einer, Zweier, Vierer, Achter, usw. und nach rechts die Halben, Viertel, Achtel, usw.

dezimal	1	2	3	4	5	6	7	8
dual	1	10	11	100	101	110	111	1000

Einige Beispiele zum Rechnen im Dualsystem:

1. **Umrechnung: dual – dezimal** (entsprechend der Definition)
   $1110111_2 = 1{\cdot}2^6+1{\cdot}2^5+1{\cdot}2^4+0{\cdot}2^3+1{\cdot}2^2+1{\cdot}2^1+1{\cdot}2^0 = 64+32+16+4+2+1 = 119_{10}$
   (Der Index gibt das Zahlensystem an, in dem die Zahl dargestellt ist.)

2. **Umwandlung: dezimal – dual**
   $98_{10} = 64+32+2+1 = 1\cdot2^6+1\cdot2^5+0\cdot2^4+0\cdot2^3+0\cdot2^2+1\cdot2^1+0\cdot2^0 = 1100010_2$
   Man schreibe die Dezimalzahl als Summe von Zweierpotenzen. Diese Darstellung lässt sich durch den folgenden Algorithmus gewinnen (fortgesetzte Division durch 2, bzw. Multiplikation mit 2):

	↑		↓
$98=2\cdot49+$	0	$0,8\cdot2=0,6+$	1
$49=2\cdot24+$	1	$0,6\cdot2=0,2+$	1
$24=2\cdot12+$	0	$0,2\cdot2=0,4+$	0
$12=2\cdot6\ +$	0	$0,4\cdot2=0,8+$	0
$6=2\cdot3\ +$	0	$0,8\cdot2=0,6+$	1
$3=2\cdot1\ +$	1	Wiederholung,	
$1=2\cdot0\ +$	1	also periodisch	

   Also: $98_{10} = 1100010_2$
   $0,8_{10} = 0,\overline{1100}_2$
   Beim linken Beispiel liest man die Ziffern von unten nach oben, beim rechten von oben nach unten, um das Ergebnis zu erhalten.

3. **Addition von Dualzahlen**
   Beim Addieren im Dualsystem ist $1+1 = 10$ zu beachten. Das führt bei der schriftlichen Addition häufig zu Überträgen, die in mehreren Spalten zu berücksichtigen sind, z.B.:

   ```
     1011
     1111
     1011
        1
       10
    10
   ------
   100101
   ```

   Bei der Addition der drei Zahlen (die ersten drei Zeilen) ergibt die Addition in der letzten Spalte $3_{10} = 11_2$. Daher die 1 in der 4. Zeile als Übertrag. Die Addition in der vorletzten Spalte ergibt dann $4_{10} = 100_2$. Daher 0 in der Ergebniszeile und der Übertrag 10, usw. (dezimal: $11 + 15 + 11 = 37$).

[1] Das Dualsystem wird vorwiegend in der Elektrotechnik und der Datenverarbeitung benutzt.

Kapitel 2

Gleichungen und Ungleichungen

Eine **Gleichung** (**Ungleichung**) in einer Variablen ist eine Gleichung (Ungleichung) zwischen Termen, in denen neben Konstanten genau eine Variable vorkommt
Beispiele: $2x + 5 = 4x - 7$ $\quad x^2 + \frac{1}{x} = 0$ $\quad \frac{2x+1}{x-1} > 0$

Unter dem Lösen einer Gleichung (Ungleichung) versteht man das Bestimmen aller reellen Zahlen, die für die Variable eingesetzt eine wahre Aussage ergeben. Alle diese Elemente bilden die sog. **Lösungsmenge** L der Gleichung (Ungleichung). Zur Bestimmung von L formt man die Gleichung (Ungleichung) äquivalent um und bringt sie dadurch auf eine einfachere Form, an der man genau die reellen Zahlen erkennt, die bei Einsetzung in die Gleichung eine wahre Aussage ergeben.
Äquivalente Umformungen sind Veränderungen der Gleichung (Ungleichung), die die Lösungsmenge nicht ändern.

2.1 Lineare Gleichungen

Lineare Gleichungen sind Gleichungen der Form

$$\boxed{ax + b = 0 \quad (a, b \in \mathbb{R} \text{ gegeben})}$$

und alle diejenigen Gleichungen, die sich durch äquivalente Umformungen auf diese Form bringen lassen. Die wichtigsten äquivalenten Umformungen einer Gleichung sind:

Äquivalente Umformungen einer Gleichung

0. Man darf beide Seiten der Gleichung vertauschen.
   $a = b \iff b = a$
1. Auf beiden Seiten darf dasselbe $c \in \mathbb{R}$ addiert werden.
   $a = b \iff a + c = b + c$
2. Beide Seiten dürfen mit demselben $c \neq 0$ multipliziert werden.
   $a = b$ und $c \neq 0 \iff ac = bc$

Mit diesen Umformungen löst man z.B. die obige Gleichung $2x + 5 = 4x - 7$ wie folgt:

$$\begin{array}{rrcll} & 2x+5 & = & 4x-7 & \mid +7 \\ \iff & 2x+12 & = & 4x & \mid -2x \quad \text{und Seitenvertauschung} \\ \iff & 2x & = & 12 & \mid \cdot \frac{1}{2} \\ \iff & x & = & 6 & \end{array}$$

Lösungsmenge dieser Gleichung ist also $L = \{6\}$.
Man begnügt sich aber häufig mit der letzten Zeile $x = 6$ als Angabe der Lösung und verzichtet auf die Schreibweise $L = \{6\}$. Ferner verzichtet man häufig auf das Schreiben der Äquivalenzzeichen $\iff$. Nach dem Lösen einer Gleichung kann man eine **Probe** machen, indem man die berechneten Werte für die Variable in die Gleichung einsetzt und testet, ob eine wahre Aussage entsteht; beim obigen Beispiel: $12 + 5 = 24 - 7$ (stimmt!).
Viele durch Text gestellte Aufgaben - also Anwendungsprobleme - führen auf lineare Gleichungen, z.B. klassische Dreisatzaufgaben wie:

30 Liter Benzin kosten 42 Euro. Wie teuer sind 50 Liter Benzin?

Lösung:

Ansatz: 50 Liter Benzin kosten x Euro.
Bekannt ist: 30 Liter Benzin kosten 42 Euro.
Es folgt: 1 Liter Benzin kostet $\frac{42}{30}$ Euro.
Also: 50 Liter Benzin kosten $x = 50 \cdot \frac{42}{30}$ Euro $= 5 \cdot 14$ € $=$ 70 € .

Ein Fahrzeug legt bei einer Geschwindigkeit von 90 km/h eine gewisse Strecke in 3 Stunden 20 Minuten zurück. Wie schnell muss es fahren, um in 3 Stunden am Ziel zu sein?

Lösung:

Bei x km/h werden in 3 Stunden $3x$ km zurückgelegt.
Bei 90 km/h werden in 3 Stunden 20 Minuten $90 \cdot 3\frac{1}{3}$ km zurückgelegt.
Also: $3x = 90 \cdot \frac{10}{3}$, d.h. $x = \frac{90 \cdot 10}{3 \cdot 3} = 100$.
Man muss 100 km/h fahren, um die Strecke in 3 Stunden zu schaffen.

Etwas komplizierter ist die Lösung der folgenden Aufgabe, an der die generelle Vorgehensweise bei der Lösung solcher Aufgaben erläutert wird.

> Ein Wasserrohr füllt eine Tonne in 18 Minuten, ein anderes Rohr füllt die Tonne in 12 Minuten. Wie lange dauert die Füllung, wenn beide Rohre gleichzeitig Wasser liefern?

Lösung: Vorgehensweise bei der Lösung der Aufgabe:

1. Man stelle fest, wonach gesucht wird und führe eine geeignete Variable ein; hier:
   Beide Rohre füllen die Tonne in x Minuten.
2. Aus dem Text stelle man eine Gleichung mit der Variablen auf; hier:
   Das erste Rohr füllt die Tonne in einer Minute zu $\frac{1}{18}$, das zweite Rohr füllt die Tonne in einer Minute zu $\frac{1}{12}$.
   Beide Rohre zusammen füllen die Tonne in einer Minute zu $\frac{1}{18} + \frac{1}{12} = \frac{5}{36}$, in x Minuten also zu $\frac{5}{36} \cdot x$.
   Das liefert die Gleichung $\frac{5}{36}x = 1$. Es folgt $x = \frac{36}{5}$.

Beide Rohre zusammen brauchen also $\frac{36}{5}$ Minuten, d.h. 7 Minuten und 12 Sekunden.

Lineare Gleichungen treten auch bei Aufgaben auf, die im Zusammenhang mit Mittelwertbildungen stehen.

Mittelwerte

Für $a, b \in \mathbb{R}$ heißt $x = \frac{a+b}{2}$ **arithmetisches Mittel** von a und b.

Sind noch "Gewichte" A und B gegeben, so heißt

$\frac{Aa+Bb}{A+B}$ **gewichtetes Mittel** (Schwerpunkt).

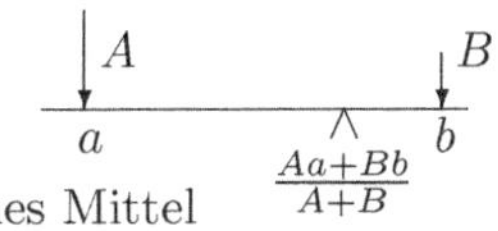

Allgemein: $\frac{a_1+a_2+...+a_n}{n}$ arithmetisches Mittel

$\frac{A_1a_1+A_2a_2+...+A_na_n}{A_1+A_2+...+A_n}$ gewichtetes Mittel

Anwendungen:

- Gesucht ist eine Zahl x, so dass 10 das arithmetische Mittel von 4 und 7 und x ist.
  Also: $\frac{4+7+x}{3} = 10 \iff 4+7+x = 30 \iff x = 19$
  Die gesuchte Zahl ist 19.
- Auf der x-Achse liegt bei 3 eine Last $L_1 = 80$. Welche Last L_2 muss bei 8 liegen, damit der gemeinsame Schwerpunkt bei 6 liegt?
  Ansatz mit dem gewichteten Mittel:
  $$\frac{80 \cdot 3 + L_2 \cdot 8}{80 + L_2} = 6 \iff 240 + 8L_2 = 6(80 + L_2) \iff 2L_2 = 240 \iff L_2 = 120$$

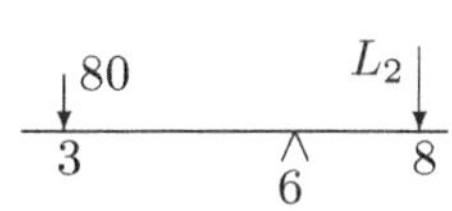

  Bei 8 muss eine Last $L_2 = 120$ liegen.
  Man kann die Aufgabe auch mit dem Hebelgesetz (Last · Lastarm = Kraft · Kraftarm) lösen.
  $$80(6-3) = L_2(8-6) \implies 240 = 2L_2 \iff L_2 = 120$$

Einige **Beispiele** für lineare Gleichungen:

- $3x + 2 = 7x - 14 \iff -4x = -16 \iff \underline{x = 4}$
- $x + 1 = 2x + 1 \iff \underline{x = 0}$
- $4(3x - 2) + 5(x + 8) = 0 \iff 12x - 8 + 5x + 40 = 0 \iff \underline{x = -\frac{32}{17}}$
- $1 + \frac{1}{x} = \frac{2}{x} \iff x + 1 = 2 \ (x \neq 0) \iff \underline{x = 1}$
- $\frac{2}{x-1} = \frac{3}{2x+1} \iff 2(2x + 1) = 3(x - 1) \ (x \neq 1, x \neq -\frac{1}{2})$
  $\iff \underline{x = -5}$

  Hierbei wurden beide Seiten mit $x - 1 \neq 0$ und $2x + 1 \neq 0$ multipliziert. Man kann auch die folgende äquivalente Umformung 3 benutzen:

  > 3. Von der Gleichung $\frac{a_1}{b_1} = \frac{a_2}{b_2}$ mit $a_1, a_2 \neq 0$ kann man zur äquivalenten Gleichung $\frac{b_1}{a_1} = \frac{b_2}{a_2}$ übergehen. (**Kehrwertbildung**)

  Das liefert hier $\frac{x-1}{2} = \frac{2x+1}{3}$ und man muss mit Brüchen rechnen oder man erhält wieder die obige nach $\iff$ stehende Gleichung.

- $\frac{x-1}{x+1} = \frac{x+3}{x-5} \iff x^2 - 6x + 5 = x^2 + 4x + 3 \ (x \neq -1, 5)$
  $\iff -10x = -2 \iff \underline{x = \frac{1}{5}}$
- $3(2x - 4) - 2(4 - 5x) = 4(4x + 8) \iff 6x - 12 - 8 + 10x = 16x + 32$
  $\iff -20 = 32$

Es folgt $L = \emptyset$ (die leere Menge), denn die letzte Gleichung ist falsch, d.h. jede Einsetzung für x führt auf diese falsche Gleichung.

- $\frac{2}{x+5} = \frac{4}{2x+10} \implies 2(2x + 10) = 4(x + 5) \iff 4x + 20 = 4x + 20$

Die letzte Gleichung ergibt für alle x eine wahre Aussage.
Daher folgt $L = \mathbb{R} \setminus \{-5\}$, denn die gegebene Gleichung ist für $x = -5$ nicht definiert, da nicht durch 0 geteilt werden darf. (Daher ist die gegebene Gleichung auch nicht äquivalent zu $2(2x + 10) = 4(x + 5)$, sondern an der entsprechenden Stelle steht oben nur das Zeichen $\implies$.)

Weitere Anwendungsbeispiele:

> Ein Fahrzeug fährt mit 30 Liter Benzin 350 km weit. Wieviel Liter braucht es für 600 km?

Lösung:
Ansatz: x Liter für 600 km. Bekannt: 30 Liter für 350 km.
Es folgt: $\frac{30}{350}$ Liter für 1 km und $x = \frac{30 \cdot 600}{350}$ Liter für 600 km.
Also $x = \frac{6 \cdot 60}{7} \approx 51,4$. Das Fahrzeug braucht ungefähr <u>51,4 Liter</u> für 600 km.

> 2 Arbeiter pflastern 15 m² Fläche in 12 Stunden. Wie lange brauchen 3 Arbeiter für 40 m² Fläche?

Lösung:

3 Arbeiter pflastern 40 m² Fläche in x Stunden. (Ansatz)
2 Arbeiter pflastern 15 m² in 12 Stunden. (bekannt)
1 Arbeiter pflastert 15 m² in $2 \cdot 12$ Stunden.
1 Arbeiter pflastert 1 m² in $\frac{2 \cdot 12}{15}$ Stunden.
3 Arbeiter pflastern 1 m² in $\frac{2 \cdot 12}{15 \cdot 3}$ Stunden.
3 Arbeiter pflastern 40 m² in $x = \frac{2 \cdot 12 \cdot 40}{15 \cdot 3}$ Stunden, also $x = \frac{64}{3} = 21\frac{1}{3}$.
3 Arbeiter brauchen für 40 m² Pflasterung <u>21 Stunden und 20 Minuten</u>.

> 24 gleichwertige Maschinen erreichen in einem festen Zeitabschnitt einen gewissen Produktionsausstoß. Wieviele Maschinen muss man zusätzlich einsetzen, wenn die doppelte Produktion im 1,5-fachen des Zeitabschnitts erreicht werden soll?

Lösung:

x Maschinen haben einen Produktionsausstoß von 2 in 1,5 Zeiteinheiten.
24 Maschinen haben einen Produktionsausstoß von 1 in 1 Zeiteinheit.
$2 \cdot 24$ Maschinen haben einen Produktionsausstoß von 2 in 1 Zeiteinheit.
$x = \frac{2 \cdot 24}{1{,}5}$ Maschinen haben einen Produktionsausstoß von 2 in 1,5 Zeiteinheiten.
(Mehr Zeit für die gleiche Produktion bedeutet: Weniger Maschinen!)
Es ist also $x = \frac{2 \cdot 2 \cdot 24}{3} = 32$. Man muss <u>8 Maschinen</u> zusätzlich einsetzen.

> Eine Bowle enthält 2,5 l Wein mit 12 % Alkohol, 6 l Orangensaft, 1 l Sekt mit 12 % Alkohol, 0,3 l Obstler mit 30 % Alkohol und 0,2 l Kognak mit 45 % Alkohol. Wieviel Prozent Alkohol enthält die Bowle?

Lösung:

Es wird mit dem gewichteten Mittel gerechnet.
Alkoholgehalt$= \frac{2{,}5 \cdot 0{,}12 + 1 \cdot 0{,}12 + 0{,}3 \cdot 0{,}3 + 0{,}2 \cdot 0{,}45}{2{,}5 + 6 + 1 + 0{,}3 + 0{,}2} = \frac{0{,}6}{10} = \frac{6}{100} = \underline{6\%\text{ Alkohol}}$

> Ein Vater (80 kg) sitzt mit seinen beiden Kindern (30 kg und 20 kg) auf einer Wippe (siehe Skizze). Wo muss der Vater sitzen, damit die Wippe im Gleichgewicht ist?

Lösung:

Das mit den Körpergewichten gewichtete Mittel der Abstände zum Aufliegepunkt der Wippe muss 0 ergeben, also:

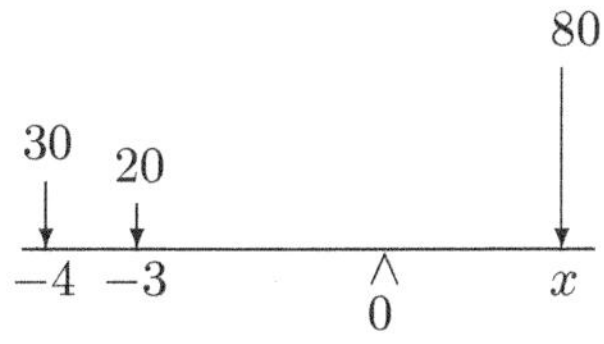

$$\frac{(-4) \cdot 30 + (-3) \cdot 20 + 80x}{30 + 20 + 80} = 0$$

$$\Longrightarrow -120 - 60 + 80x = 0 \quad \Longrightarrow \quad x = \frac{180}{80} = 2{,}25$$

Der Vater muss <u>2,25 Einheiten</u> vom Aufliegepunkt entfernt sitzen.

2.2 Quadratische Gleichungen

Eine Gleichung der Form $\boxed{ax^2 + bx + c = 0 \text{ mit } a \neq 0}$ heißt **quadratische Gleichung**. Grundlegend für das Lösen von quadratischen Gleichungen ist der folgende Satz:

> Ist $d > 0$, so hat die Gleichung $x^2 = d$ genau zwei Lösungen, nämlich $x_1 = \sqrt{d}$ und $x_2 = -\sqrt{d}$.

Zum Lösen einer quadratischen Gleichung $ax^2 + bx + c = 0$ wird zunächst mit $\frac{1}{a}$ multipliziert, so dass die Gleichung in die Form $x^2 + px + q = 0$ übergeht. Mittels sog. **quadratischer Ergänzung** wird unter Anwendung der binomischen Formeln umgeformt:

$$\begin{aligned} x^2 + px + q = 0 \quad &\Longleftrightarrow \quad (x + \tfrac{p}{2})^2 - \tfrac{p^2}{4} + q = 0 \\ &\Longleftrightarrow \quad (x + \tfrac{p}{2})^2 = \tfrac{p^2}{4} - q \end{aligned}$$

Die Ersetzung von $x^2 + px$ durch $(x + \frac{p}{2})^2 - \frac{p^2}{4}$ nennt man dabei **quadratische Ergänzung**.
Die Anwendung des obigen Satzes liefert nun:

> **p, q-Formel**
>
> zum Lösen der quadratischen Gleichung $x^2 + px + q = 0$:
>
> $$\boxed{x_{1,2} = -\frac{p}{2} \pm \sqrt{\frac{p^2}{4} - q}}$$
>
> Man unterscheidet drei Fälle:
>
> $\frac{p^2}{4} - q < 0$: keine Lösung.
>
> $\frac{p^2}{4} - q = 0$: genau eine Lösung, nämlich $x = -\frac{p}{2}$.
>
> $\frac{p^2}{4} - q > 0$: genau die beiden oben angegebenen Lösungen $x_{1,2}$.

Beispiel:

$$\begin{aligned} 3x^2 + 3x - 6 = 0 \quad &\Longleftrightarrow \quad x^2 + x - 2 = 0 \\ &\Longleftrightarrow \quad x_{1,2} = -\tfrac{1}{2} \pm \sqrt{\tfrac{1}{4} + 2} = -\tfrac{1}{2} \pm \tfrac{3}{2} \\ &\Longleftrightarrow \quad x_1 = 1 \quad , \quad x_2 = -2 \end{aligned}$$

Wichtig ist der Wurzelsatz von VIETA (z.B. für Proben):

> **Wurzelsatz von Vieta**
>
> Hat die quadratische Gleichung $x^2 + px + q = 0$ die zwei verschiedenen Lösungen x_1 und x_2, so gilt: $x^2 + px + q = (x - x_1)(x - x_2)$.
>
> Ferner ist dann: $x_1 + x_2 = -p$ und $x_1 x_2 = q$

Die letzte Zeile dieses Kasten liefert die Möglichkeit, manche quadratische Gleichung durch "scharfes Hinsehen" zu lösen.

Beispiel: $x^2 + x - 12 = 0$

Gesucht sind (als Lösungen) zwei Zahlen x_1, x_2, deren Summe -1 (negativer Vorfaktor vor x) und deren Produkt -12 ist.

Man erkennt sofort:

$x_1 = 3,\ x_2 = -4;$ es ist $x^2 + x - 12 = (x-3)(x+4)$.

Dies sollte man an den folgenden Beispielen üben:

a) $x^2 - 5x + 6 = 0$ b) $x^2 - 7x + 6 = 0$ c) $x^2 - x - 6 = 0$

d) $x^2 + 2x - 35 = 0$ e) $x^2 - 11x + 24 = 0$ f) $x^2 + 13x + 42 = 0$

Lösungen der Gleichungen sind:

a) 2, 3, denn $x^2 - 5x + 6 = 0 \iff (x-2)(x-3) = 0$

b) 1, 6, denn $x^2 - 7x + 6 = 0 \iff (x-1)(x-6) = 0$

c) 3, −2, denn $x^2 - x - 6 = 0 \iff (x-3)(x+2) = 0$

Entsprechend bei: d) 5, −7 e) 3, 8 f) −6, −7

Weitere **Beispiele** für quadratische Gleichungen:

- $x^2 - 2x - 5 = 0 \iff \underline{x_{1,2} = 1 \pm \sqrt{6}}$
- $x^2 - 2x + 5 = 0 \quad : \quad \frac{p^2}{4} - q = -4$ <u>keine Lösung.</u>
- $x^2 - 2x + 1 = 0 \quad : \quad \frac{p^2}{4} - q = 0$ Lösung $\underline{x = 1}$.
- $x^2 + 3x = 0 \iff x(x+3) = 0 \quad \underline{x_1 = 0\,,\ x_2 = -3}$
  Hier liefert die angegebene Faktorisierung ohne Anwendung der p, q-Formel die Lösung.
- $4x^2 - 2x - 3 = 0 \iff x^2 - \frac{1}{2}x - \frac{3}{4} = 0$
  $\iff x_{1,2} = \frac{1}{4} \pm \sqrt{\frac{1}{16} + \frac{3}{4}} = \underline{\frac{1}{4} \pm \frac{1}{4}\sqrt{13}}$
- $3x^2 + 7x + 2 = 0 \iff x^2 + \frac{7}{3}x + \frac{2}{3} = 0$
  $\iff x_{1,2} = -\frac{7}{6} \pm \sqrt{\frac{49}{36} - \frac{2}{3}} = -\frac{7}{6} \pm \sqrt{\frac{25}{36}} = -\frac{7}{6} \pm \frac{5}{6}$
  $\iff \underline{x_1 = -2\,,\ x_2 = -\frac{1}{3}}$
- $4x^2 + 8x + 4 = 0 \iff 4(x+1)^2 = 0$ Lösung $\underline{x = -1}$.
- $5x^2 - 7x + 10 = 0 \iff x^2 - \frac{7}{5}x + 2 = 0 \quad (\frac{7}{10})^2 - 2 < 0$ <u>keine Lösung.</u>

Viele weitere Gleichungen führen durch Umformungen auf quadratische Gleichungen, z.B.

- $x + \frac{1}{x} = 2 \iff x^2 + 1 = 2x \ (x \neq 0) \iff x^2 - 2x + 1 = 0 \iff \underline{x = 1}$
- $\frac{1}{x-1} + \frac{1}{x-2} = 1 \iff x - 2 + x - 1 = (x-1)(x-2) \ (x \neq 1, x \neq 2)$
  $\iff x^2 - 5x + 5 = 0$
  $\iff \underline{x_{1,2} = \frac{5}{2} \pm \frac{1}{2}\sqrt{5}}$

Eine Gleichung der Form $ax^4 + bx^2 + c = 0$ heißt **biquadratische Gleichung**. Die Substitution (Ersetzung) $x^2 = z$ überführt sie in die quadratische Gleichung $az^2 + bz + c = 0$, die man wie üblich löst.

Biquadratische Gleichungen

$\boxed{x^4 + px^2 + q = 0}$ Substitution: $x^2 = z$ $z^2 + pz + q = 0$ lösen

Für jede positive Lösung z dieser Gleichung liefert $x^2 = z$ die beiden Lösungen $x = \sqrt{z}$ und $x = -\sqrt{z}$ der gegebenen Gleichung.

Beispiele:

- $x^4 - 11x^2 + 18 = 0$ Substitution $x^2 = z$ liefert $z^2 - 11z + 18 = 0$.
  $z^2 - 11z + 18 = 0 \iff (z-9)(z-2) = 0 \iff z_1 = 9\,,\ z_2 = 2$
  $x^2 = 9$ bzw. $x^2 = 2$ liefert für die gegebene Gleichung genau 4 Lösungen, nämlich $x_1 = 3$, $x_2 = -3$, $x_3 = \sqrt{2}$ und $x_4 = -\sqrt{2}$.
- $x^4 - 6x^2 + 9 = 0 \iff (x^2 - 3)^2 = 0 \iff x^2 - 3 = 0$
  Die gegebene Gleichung hat genau die beiden Lösungen $x_1 = \sqrt{3}$ und $x_2 = -\sqrt{3}$.
- $x^4 + 2x^2 - 3 = 0\ :\quad x^2 = z \Longrightarrow z^2 + 2z - 3 = 0 \iff (z+3)(z-1) = 0$
  $z_1 = -3$ liefert keine Lösung der gegebenen Gleichung, da $x^2 = -3$ keine Lösung besitzt. $x^2 = 1$ besitzt die Lösungen $x_1 = 1$ und $x_2 = -1$, die damit die einzigen Lösungen der gegebenen Gleichung sind.
- $x^2 + \dfrac{1}{x^2} = 5 \iff x^4 + 1 = 5x^2\ (x \neq 0) \iff x^4 - 5x + 1 = 0\ (x \neq 0)$
  $x^2 = z$ führt auf $z^2 - 5z + 1 = 0$ mit
  $z_{1,2} = \frac{5}{2} \pm \sqrt{\frac{25}{4} - 1} = \frac{1}{2}(5 \pm \sqrt{21})$. Beide Lösungen sind positiv, also hat die gegebene Gleichung genau die Lösungen $x_1 = \sqrt{\frac{1}{2}(5 + \sqrt{21})}$, $x_2 = -\sqrt{\frac{1}{2}(5 + \sqrt{21})}$, $x_3 = \sqrt{\frac{1}{2}(5 - \sqrt{21})}$ und $x_4 = -\sqrt{\frac{1}{2}(5 - \sqrt{21})}$.
- $$\begin{aligned} & (x^2 + 2)(3x^2 + 1) + (x^2 - 1)(x^2 - 2) = 0 \\ \iff\ & 3x^4 + 7x^2 + 2 + x^4 - 3x^2 + 2 = 0 \iff 4x^4 + 4x^2 + 4 = 0 \\ \iff\ & x^4 + x^2 + 1 = 0 \end{aligned}$$
  $x^2 = z$ liefert $z^2 + z + 1 = 0$. Es ist $\frac{1}{4} - 1 < 0$, also besitzt diese Gleichung keine Lösung und damit auch die gegebene Gleichung nicht.

2.3 Ungleichungen

Eine Ungleichung in einer Variablen erhält man, wenn man zwischen zwei Terme in einer Variablen eines der Zeichen

$<$ (kleiner) $\leq$ (kleiner gleich) $>$ (größer) $\geq$ (größer gleich)

setzt.

Beispiele für Ungleichungen
(1) $3x+2<8$ (2) $-z-1\geq 0$ (3) $\frac{a+1}{a-1}\leq 1$ (4) $x^2-2x>0$

Es sind alle reellen Zahlen gesucht, die bei Einsetzung für die Variable eine wahre Aussage ergeben. Zum Lösen einer Ungleichung werden wieder äquivalente Umformungen vorgenommen, durch die die Ungleichung auf eine einfachere Form gebracht wird. Im Unterschied zu äquivalenten Umformungen bei Gleichungen muß man hier etwas vorsichtiger sein. Die wichtigsten äquivalenten Umformungen für Ungleichungen lauten (nur für Ungleichungen mit $<$ formuliert; bei anderen Zeichen gelten sie entsprechend):

Äquivalente Umformungen einer Ungleichung

1. Auf beiden Seiten darf dasselbe $c \in \mathbb{R}$ addiert werden.
   $a<b \iff a+c<b+c$
2. Beide Seiten dürfen mit demselben **positiven** c multipliziert werden.
   Ist $c>0$, so gilt: $a<b$ und $c>0 \iff ac<bc$
3. Multipliziert man beide Seiten einer Ungleichung mit einer **negativen** reellen Zahl, so kehrt sich das Ungleichungszeichen um.
   Ist $c<0$, so gilt: $a<b$ und $c<0 \iff ac>bc$

Damit löst man die Beispiele im obigen Kasten wie folgt:

(1)
$$\begin{aligned} 3x+2 &< 8 && \mid -2 \\ 3x &< 6 && \mid \cdot \tfrac{1}{3} \\ x &< 2 \\ L_{(1)} &= \{x \mid x<2\} \end{aligned}$$

(2)
$$\begin{aligned} -z-1 &\geq 0 && \mid \cdot(-1) \\ z+1 &\leq 0 && \mid -1 \\ z &\leq -1 \\ L_{(2)} &= \{z \mid z\leq -1\} \end{aligned}$$

Die Lösungsmengen kann man auf der **Zahlengeraden** darstellen, z.B. :

$L_{(1)}$: 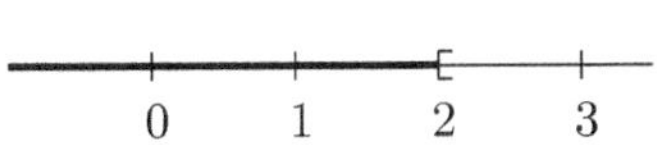

$L_{(2)}$: 

Die Art der Klammern an den Randstellen gibt an, ob das Randelement zur Lösungsmenge gehört oder nicht (siehe auch Seite 38 unten).

(3) lösen wir zunächst mit einer **Fallunterscheidung**:

1. Fall: $\boldsymbol{a = 1}$

Dafür ist die Ungleichung nicht definiert, da nicht durch 0 dividiert werden darf.

2. Fall: $a - 1 > 0$, also $\boldsymbol{a > 1}$.

Dann gilt: $\frac{a+1}{a-1} \le 1 \iff a + 1 \le a - 1$
$\iff 1 \le -1$ (falsch)

Von denjenigen reellen Zahlen a mit $a - 1 > 0$, also $a > 1$, gehört keine zur Lösungsmenge.

3. Fall: $a - 1 < 0$, also $\boldsymbol{a < 1}$.

Dann gilt: $\frac{a+1}{a-1} \le 1 \iff a + 1 \ge a - 1$ (äquivalente Umformung Nr. 3)
$\iff 1 \ge -1$ (wahr)

Alle a mit $a - 1 < 0$ ergeben eine wahre Aussage.

Es folgt insgesamt: $L_{(3)} = \{a \,|\, a < 1\}$.

Eine alternative Lösungsmöglichkeit besteht darin, die Ungleichung so umzuformen, dass rechts 0 steht und links eine Faktorisierung, hier also:

$$\frac{a+1}{a-1} \le 1 \iff \frac{a+1}{a-1} - 1 \le 0 \iff \frac{a+1-(a-1)}{a-1} \le 0 \iff \frac{2}{a-1} \le 0$$

Der links stehende Bruch ist genau dann nicht positiv, wenn der Nenner negativ ist, also für $a - 1 < 0$. Es folgt $L_{(3)} = \{a \,|\, a < 1\}$.

Bei dieser Lösungsart vermeidet man das Auftreten von Fallunterscheidungen.

Lösung von **(4)**:

$$x^2 - 2x > 0 \iff x(x-2) > 0$$

Ein Produkt aus zwei Faktoren ist genau dann positiv, wenn beide Faktoren positiv oder beide Faktoren negativ sind. Also muss gelten:

$$\begin{array}{ccc} x > 0 \text{ und } x - 2 > 0 & \quad\text{oder}\quad & x < 0 \text{ und } x - 2 < 0 \\ \iff & & \iff \\ x > 2 & & x < 0 \end{array}$$

Es ist also $L_{(4)} = \{x \,|\, x > 2 \text{ oder } x < 0\}$.

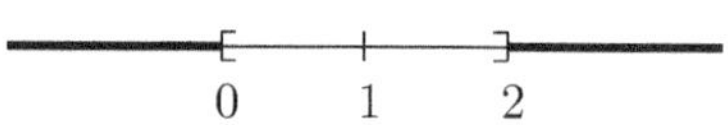

Eine graphische Lösungsmöglichkeit für quadratische Ungleichungen wird in Abschnitt 3.4 angegeben.

Die Lösungsmenge einer Ungleichung ist i.A. ein **Intervall** bzw. eine Vereinigung von Intervallen. Üblich für Intervalle sind folgende Schreibweisen ($a, b \in \mathbb{R}$, $a \le b$):

$[a, b] := \{x \in \mathbb{R} \,|\, a \le x \text{ und } x \le b\} =: \{x \,|\, a \le x \le b\}$
$]a, b[:= \{x \in \mathbb{R} \,|\, a < x \text{ und } x < b\} =: \{x \,|\, a < x < b\}$
(Für $]a, b[$ ist auch die Schreibweise (a, b) üblich.)

$[a,\infty[\ := \{x\,|\,x \geq a\}$, $]-\infty,a[\ := \{x\,|\,x < a\}$
Es existieren weitere Mischformen bei Intervallen, z.B. $[a,b[$ usw.

$[a,b]$ heißt **abgeschlossenes Intervall** mit den Endpunkten a und b.
$]a,b[$ heißt **offenes Intervall**. Die Endpunkte a und b gehören **nicht** zur Menge.

Das motiviert die Schreibweise $[a,\infty[$, denn ∞ ist keine Zahl, sondern symbolisiert nur, dass das Intervall nach rechts **nicht beschränkt** ist.

Weitere **Beispiele** für das Lösen von Ungleichungen:

- $$\begin{aligned} 3(x+2)-4(x+1) \geq 2x+5 &\iff -x+2 \geq 2x+5 \\ &\iff -3x \geq 3 \\ &\iff x \leq -1 \qquad L =]-\infty,-1] \end{aligned}$$

- $$\begin{aligned} x^2 \leq 3x+10 &\iff x^2-3x-10 \leq 0 \\ &\iff (x+2)(x-5) \leq 0 \\ &\iff \left\{ \begin{array}{lll} x+2 \geq 0 & \text{und} & x-5 \leq 0 \\ & \text{oder} & \\ x+2 \leq 0 & \text{und} & x-5 \geq 0 \end{array} \right\} \\ &\iff \left\{ \begin{array}{lll} x \geq -2 & \text{und} & x \leq 5 \\ & \text{oder} & \\ x \leq -2 & \text{und} & x \geq 5 \end{array} \right\} \\ &\iff x \geq -2 \quad \text{und} \quad x \leq 5 \\ &\iff -2 \leq x \leq 5 \qquad L = [-2,5] \end{aligned}$$

- $x^2-2x-4 < 0 \iff (x-1)^2-5 < 0 \iff (x-1)^2 < 5$

Ein Quadrat ist kleiner als 5, wenn die zu quadrierende Zahl zwischen $-\sqrt{5}$ und $\sqrt{5}$ liegt. Also $-\sqrt{5} < x-1 < \sqrt{5}$ oder $1-\sqrt{5} < x < 1+\sqrt{5}$,
d.h. $L =]1-\sqrt{5}, 1+\sqrt{5}[$.
Im nächsten Abschnitt wird sich mittels des Betrags einer Zahl hierfür eine einfachere Darstellung ergeben.

- $\frac{(x-1)(x+2)}{x-5} \leq 0$

Diese Ungleichung kann man durch Fallunterscheidungen lösen. Einfacher ist die nebenstehende tabellarische Lösung!

	$-\infty$ … -2	-2 … 1	1 … 5	5 … ∞
$x-1$	$-$	$-$	$+$	$+$
$x+2$	$-$	$+$	$+$	$+$
$x-5$	$-$	$-$	$-$	$+$
linke Seite	$-$	$+$	$-$	$+$

Es werden nur die Vorzeichen der beteiligten Terme (Linearfaktoren) in den einzelnen Bereichen der Tabelle eingetragen, die bei ihren Nullstellen wechseln, z.B. $x-1 < 0$ für $x < 1$ und $x-1 > 0$ für $x > 1$.
Abzählung der negativen Terme ergibt das Vorzeichen der linken Seite der Ungleichung. Man liest dann ab: $L =]-\infty,-2] \cup [1,5[$

-2 und 1 gehören zur Lösungsmenge, da das Ungleichungszeichen $\leq$ lautet.
5 gehört als Nullstelle des Nenners nicht zu L.

- $\frac{x}{x+1} < 1 + \frac{1}{x} \iff \frac{x}{x+1} < \frac{x+1}{x}$

$$\iff \frac{x}{x+1} - \frac{x+1}{x} < 0$$

$$\iff \frac{x^2-x^2-2x-1}{x(x+1)} < 0$$

$$\iff \frac{-2x-1}{x(x+1)} < 0$$

	$-\infty$ … -1	-1 … $-\frac{1}{2}$	$-\frac{1}{2}$ … 0	0 … ∞
$-2x-1$	+	+	−	−
x	−	−	−	+
$x+1$	−	+	+	+
linke Seite	+	−	+	−

Es folgt: $L =]-1, -\frac{1}{2}[\cup]0, \infty[$.

- $\frac{x^2-x-4}{x+3} > 2$

$$\iff \frac{x^2-x-4}{x+3} - \frac{2(x+3)}{x+3} > 0$$

$$\iff \frac{x^2-3x-10}{x+3} > 0$$

$$\iff \frac{(x-5)(x+2)}{x+3} > 0$$

	$-\infty$ … -3	-3 … -2	-2 … 5	5 … ∞
$x-5$	−	−	−	+
$x+2$	−	−	+	+
$x+3$	−	+	+	+
linke Seite	−	+	−	+

Es folgt; $L =]-3, -2[\cup]5, \infty[$.

Zu zwei positiven Zahlen $a, b \in \mathbb{R}$ nennt man $\frac{a+b}{2}$ das **arithmetische Mittel** (siehe 2.1) und $\sqrt{ab}$ das **geometrische Mittel**. Es gilt folgende wichtige Ungleichung:

Ungleichung zwischen arithmetischem und geometrischem Mittel

Für positive $a, b \in \mathbb{R}$ ist stets $\frac{a+b}{2} \geq \sqrt{ab}$. (agM-Ungleichung)

Dies ergibt sich wie folgt:
Für positive Zahlen ist das Wurzelziehen eine äquivalente Umformung. Daher kann man schließen:

$$\begin{aligned}(a-b)^2 \geq 0 &\iff a^2 - 2ab + b^2 \geq 0\\ &\iff a^2 + 2ab + b^2 \geq 4ab\\ &\iff \frac{a^2+2ab+b^2}{4} \geq ab\\ &\iff (\tfrac{a+b}{2})^2 \geq ab\\ &\iff \frac{a+b}{2} \geq \sqrt{ab}\end{aligned}$$

Beispiel: $a = 4$, $b = 9$
Das arithmetische Mittel ist $\frac{4+9}{2} = \frac{13}{2} = 6,5$.
Das geometrische Mittel ist $\sqrt{4 \cdot 9} = \sqrt{36} = 6$.

2.4 Rechnen mit Beträgen

Der Betrag einer reellen Zahl x, geschrieben $|x|$, ist definiert durch:

Betrag einer Zahl

$\|x\| := x$	falls $x \geq 0$	Damit gilt	$\sqrt{x^2} = \|x\|$	**(Wichtig!)**
$\|x\| := -x$	falls $x < 0$	und	$x^2 = \|x^2\|$,	$\|x\| = \|-x\|$

Der Betrag einer Zahl ist nicht negativ und gibt anschaulich den Abstand der Zahl vom Nullpunkt auf der Zahlengeraden an.

$|x-a|$ ist der Abstand der Zahl x von der Zahl a auf der Zahlengeraden.

Beispiele:

$\|2-5\| = \|-3\| = 3$	2 und 5 haben Abstand 3 auf der Zahlengeraden.
$\|2+5\| = \|2-(-5)\| = 7$	2 und -5 haben Abstand 7 auf der Zahlengeraden.
$\|-2-5\| = \|-7\| = 7$	-2 und 5 haben Abstand 7 auf der Zahlengeraden.
$\|-2+5\| = \|3\| = 3$	-2 und -5 haben Abstand 3 auf der Zahlengeraden.

$\sqrt{(-3)^2} = \sqrt{9} = 3 = |-3|$

Eine Ungleichung, z.B. $|x| < 3$, wird nach dem Gesagten von allen reellen Zahlen erfüllt, deren Abstand vom Ursprung auf der Zahlengeraden kleiner als 3 ist. Das sind die Zahlen $x \in \mathbb{R}$ mit $x < 3$ und $x > -3$. Solche Bereiche schreibt man üblicherweise mit einer **Ungleichungskette** wie folgt:

$$x < 3 \text{ und } x > -3 \iff: -3 < x < 3 \iff x \in]-3, 3[$$

Für das Rechnen mit Ungleichungen und Beträgen gelten die folgenden Regeln (die zum Entfernen von Beträgen benutzt werden können):

Es sei $a > 0$. Dann gelten folgende Äquivalenzen:

$|x| < a \iff -a < x < a$

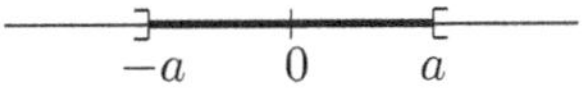

$|x| > a \iff x > a$ oder $x < -a$

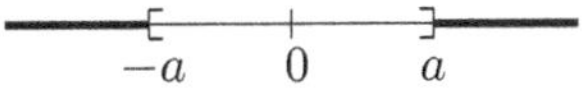

$x^2 < a \iff |x| < \sqrt{a} \iff -\sqrt{a} < x < \sqrt{a}$

$x^2 > a \iff |x| > \sqrt{a} \iff x > \sqrt{a}$ oder $x < -\sqrt{a}$

$|x-b| < a \iff -a < x-b < a \iff b-a < x < b+a$

in Worten: Die reellen Zahlen x, deren Abstand von b kleiner ist als a liegen genau zwischen $b-a$ und $b+a$.

Beispiele:

- $|x-1| = 3 \iff x-1 = 3$ oder $x-1 = -3 \iff x = 4$ oder $x = -2$
  oder geometrisch betrachten wie im oberen Kasten:
  Gesucht sind alle x, deren Abstand von 1 gleich 3 ist.
  oder $|x-1| = 3 \iff (x-1)^2 = 9 \iff x_{1,2} = 1 \pm 3$

- $|x+3| = 8 \iff x = 5$ oder $x = -11$ (Abstand von -3 gleich 8)
- $|2x+1| = 3 \iff 2x+1 = 3$ oder $2x+1 = -3$
  $\iff x = 1$ oder $x = -2$
- $|x-1| < 5 \iff -5 < x-1 < 5 \iff -4 < x < 6$
- $|x+3| \geq 2 \iff x+3 \geq 2$ oder $x+3 \leq -2$
  $\iff x \geq -1$ oder $x \leq -5$
- $|x+1| > 0 \iff x \neq -1$ (Ein Betrag ist stets ≥ 0)
- $|2x-1| \leq 7 \iff -7 \leq 2x-1 \leq 7 \iff -6 \leq 2x \leq 8$
  $\iff -3 \leq x \leq 4$
- $||x|-5| > 3 \iff |x|-5 > 3$ oder $|x|-5 < -3$
  $\iff |x| > 8$ oder $|x| < 2$
  $\iff x > 8$ oder $x < -8$ oder $-2 < x < 2$

Bei diesem Beispiel kann man auch die Symmetrie $|x| = |-x|$ benutzen. Wegen der Gültigkeit dieser Gleichung liegt die Lösungsmenge einer Gleichung bzw. Ungleichung, in der x nur in der Form $|x|$ vorkommt, symmetrisch zum Ursprung.
Unter Ausnutzung dieser Tatsache braucht man hier nur $x \geq 0$ zu betrachten. Dann lautet die Ungleichung $|x-5| > 3$ und man erhält als Lösung diejenigen x mit $0 \leq x < 2$ oder $x > 8$. Durch Spiegelung am Nullpunkt kommt der Bereich $-2 < x \leq 0$ und $x < -8$ hinzu und damit erhält man wieder die skizzierte Lösungsmenge.

- $x^2 - 2x - 2 < 1 \iff (x-1)^2 < 4 \iff |x-1| < 2$
  $\iff -2 < x-1 < 2 \iff -1 < x < 3$
- $x^2 + 6x - 1 > 0 \iff (x+3)^3 > 10 \iff |x+3| > \sqrt{10}$
  $\iff x+3 > \sqrt{10}$ oder $x+3 < -\sqrt{10}$
  $\iff x > -3+\sqrt{10}$ oder $x < -3-\sqrt{10}$

Solche quadratischen Ungleichungen lassen sich auch graphisch lösen (siehe dazu Abschnitt 3.4.).

- $\frac{2}{|x+1|} > 1 \iff 2 > |x+1| \ (x \neq -1)$
  $\iff -2 < x+1 < 2 \ (x \neq -1)$
  $\iff -3 < x < 1 \ (x \neq -1)$
- $\frac{|x+1|}{x} = 2 \iff |x+1| = 2x$
  $\iff (x+1)^2 = 4x^2$ und $x \geq 0$, da $|x+1| \geq 0$

Diese quadratische Gleichung $x^2 - \frac{2}{3}x - \frac{1}{3} = 0$ hat die Lösungen $x_{1,2} = \frac{1}{3} \pm \frac{2}{3}$, von denen wegen $x \geq 0$ nur $x_1 = 1$ infrage kommt.

- $\frac{|x+1|}{x-2} \leq 2$ Wir orientieren uns an der Zahlengeraden und lösen die Ungleichung durch Fallunterscheidung in den drei Teilbereichen $x \leq -1$, $-1 < x < 2$ und $x > 2$. Für $x = 2$ ist die Ungleichung nicht definiert.

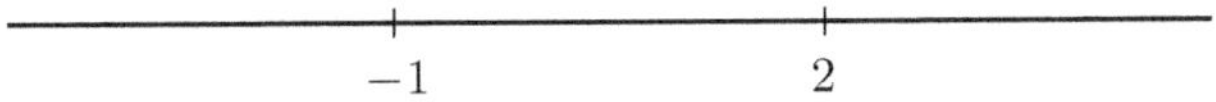

Im Bereich gilt:	$\|x+1\| = -(x+1)$ $x-2<0$	$\|x+1\| = x+1$ $x-2<0$	$\|x+1\| = x+1$ $x-2>0$
$\frac{\|x+1\|}{x-2} \geq 2 \iff$	$-(x+1) \leq 2(x-2)$	$x+1 \geq 2(x-2)$	$x+1 \leq 2(x-2)$
	$\iff$	$\iff$	$\iff$
	$x \leq 1$	$x \leq 5$	$x \geq 5$
	$L_1 =]-\infty\,,-1]$	$L_2 = [-1\,,2[$	$L_3 = [5\,,\infty[$

Insgesamt folgt $L = L_1 \cup L_2 \cup L_3 =]-\infty, 2[\cup [5, \infty[= \underline{\mathbb{R} \setminus [2,5[}$.
Alternativ kann man schließen:
1. Für $x < 2$ ist die Ungleichung erfüllt, da die linke Seite dann negativ ist.
2. Für $x > 2$ schließt man wie oben im entsprechenden Teilbereich.

- $|x+2| + |x-2| \leq 4$ Hier rechnen wir die einzelnen Fälle durch:

1. Fall: $x < -2$

$$|x+2| + |x-2| \leq 4 \iff -(x+2) - (x-2) \leq 4$$
$$\iff -2x \leq 4 \iff x \geq -2 \quad L_1 = \emptyset$$

2. Fall: $-2 \leq x \leq 2$

$$|x+2| + |x-2| \leq 4 \iff (x+2) - (x-2) \leq 4$$
$$\iff 4 \leq 4 \text{ wahr, also } L_2 = [-2, 2]$$

3. Fall: $x > 2$

$$|x+2| + |x-2| \leq 4 \iff (x+2) + (x-2) \leq 4$$
$$\iff 2x \leq 4 \iff x \leq 2 \quad L_3 = \emptyset$$

Insgesamt also: $L = L_2 = \underline{[-2, 2]}$

- $|x-1| \leq |x|$

$$\iff (x-1)^2 \leq x^2 \iff -2x+1 \leq 0$$
$$\iff x \geq \tfrac{1}{2} \qquad \underline{L = [\tfrac{1}{2}\,, \infty[}$$

- $|2x+7| \leq 5$

$$\iff -5 \leq 2x+7 \leq 5 \iff -12 \leq 2x \leq -2$$
$$\iff -6 \leq x \leq -1 \qquad \underline{L = [-6, -1]}$$

- $|\frac{x-1}{x+1}| < 2$

$$\iff (x-1)^2 < 4(x+1)^2 \quad (x \neq -1)$$
$$\iff x^2 - 2x + 1 < 4x^2 + 8x + 4$$
$$\iff 3x^2 + 10x + 3 > 0 \iff x^2 + \tfrac{10}{3}x + 1 > 0$$
$$\iff (x + \tfrac{5}{3})^2 > \tfrac{16}{9} \iff |x + \tfrac{5}{3}| > \tfrac{4}{3}$$
$$\iff x > -\tfrac{1}{3} \text{ oder } x < -3\,;$$
$$\underline{L =]-\infty, -3[\cup]-\tfrac{1}{3}, \infty[}$$

2.5 Wurzelgleichungen, Exponentialgleichungen

Wir betrachten noch Gleichungen in einer Variablen, bei denen die Variable auch unter einer Wurzel vorkommt (Wurzelgleichungen) oder im Exponenten vorkommt (Exponentialgleichungen).

Beispiele für Wurzel- bzw. Exponentialgleichungen				
Wurzelgleichungen:	(1)	$2-\sqrt{3x+4}=-2$	(2)	$3x+2\sqrt{x}=16$
Exponentialgleichungen:	(3)	$2^{6x-2}=4^{2x+3}$	(4)	$2^{2x}+5\cdot 2^{x+1}=11$

Bei Wurzelgleichungen versucht man, die Gleichung so umzuformen, dass die Wurzel allein auf einer Seite der Gleichung steht. Dann entfernt man sie durch Quadrieren der beiden Seiten der Gleichung. Quadrieren einer Gleichung ist aber **keine äquivalente Umformung** und es können Lösungen hinzukommen, die nicht zur Lösungsmenge der ursprünglichen Gleichung gehören. Es gehen aber keine Lösungen verloren! Daher kann man mit einer Probe (Einsetzen der gefundenen Lösungen in die Ausgangsgleichung) leicht feststellen, wie die Lösungsmenge der Ausgangsgleichung lautet.

Beispiele:

- $2-\sqrt{3x+4}=-2$ (1) aus obigem Kasten

$$\begin{aligned} 2-\sqrt{3x+4}=-2 &\iff -\sqrt{3x+4}=-4 && \text{Isolieren der Wurzel}\\ &\implies 3x+4=16 && \text{Quadrieren}\\ &\iff 3x=12 \iff x=4 && \text{Lösen der lin. Gleichung} \end{aligned}$$

Einsetzen: $2-\sqrt{12+4}=-2$ (stimmt!) $\underline{L=\{4\}}$

- $3x+2\sqrt{x}=16$ (2) aus obigem Kasten

$$\begin{aligned} 3x+2\sqrt{x}=16 &\iff 2\sqrt{x}=16-3x\\ &\implies 4x=256-96x+9x^2 \iff 9x^2-100x+256=0\\ &\iff x^2-\frac{100}{9}x+\frac{256}{9}=0\\ &\iff x_{1,2}=\frac{50}{9}\pm\sqrt{\frac{2500}{81}-\frac{2304}{81}}=\frac{50}{9}\pm\sqrt{\frac{196}{81}}\\ &\iff x_{1,2}=\frac{50}{9}\pm\frac{14}{9} \qquad x_1=\frac{64}{9},\ x_2=4 \end{aligned}$$

$\frac{64}{9}$ erfüllt die Gleichung nicht! $12+2\sqrt{4}=16$ (stimmt!), also $\underline{L=\{4\}}$

- $\sqrt{x+20}+\sqrt{2x+6}=9$

  Quadrieren der Gleichung ergibt $x+20+2\sqrt{x+20}\,\sqrt{2x+6}+2x+6=81$. Jetzt lassen sich die verbleibenden Wurzeln isolieren:
  $2\sqrt{x+20}\,\sqrt{2x+6} = -3x+55$ Nochmaliges Quadrieren liefert nun eine Gleichung ohne Wurzeln.
  $$\begin{aligned} 4(x+20)(2x+6)=(-3x+55)^2 &\iff 8x^2+184x+480=9x^2-330x+3025\\ &\iff x^2-514x+2545=0\\ &\iff x_{1,2}=257\pm\sqrt{63504}\\ &\iff x_1=5\ ,\ x_2=509 \end{aligned}$$
  Nur x_1 erfüllt die gegebene Gleichung, also ist $\underline{L=\{5\}}$.

- $\sqrt{x+5}-\sqrt{5x+6}-1=0$
  Im Vergleich zur Lösung des letzten Beispiels ist es bei Vorkommen von zwei Wurzeln manchmal einfacher, zunächst so umzustellen, dass eine Wurzel allein auf einer Seite steht, hier z.B.:
  $$\sqrt{x+5}=1+\sqrt{5x+6}.$$
  Quadrieren liefert nun $x+5=1+2\sqrt{5x+6}+5x+6$. Jetzt wird die Wurzel wieder isoliert und dann nochmals quadriert.
  $$\begin{aligned} 2\sqrt{5x+6}=-4x-2 &\implies 4(5x+6)=16x^2+16x+4\\ &\iff 16x^2-4x-20=0 \iff x^2-\tfrac{1}{4}x-\tfrac{5}{4}=0\\ &\iff x_{1,2}=\frac{1}{8}\pm\sqrt{\frac{81}{64}}\\ &\iff x_1=-1\ ,\ x_2=\tfrac{5}{4} \end{aligned}$$
  x_2 erfüllt die gegebene Gleichung nicht, x_1 erfüllt sie; also $\underline{L=\{-1\}}$.

- $\sqrt{x+8\sqrt{144+x}}=4+\sqrt{x}$

  Quadrieren:
  $$\begin{aligned} x+8\sqrt{144+x}=16+8\sqrt{x}+x &\iff \sqrt{144+x}=\sqrt{x}+2\\ \text{Nochmals Quadrieren} &\implies 144+x=x+4\sqrt{x}+4\\ &\iff \sqrt{x}=35 \text{ also } x=35^2=1225 \end{aligned}$$

  Die Probe zeigt, dass $\sqrt{1225+8\sqrt{144+1225}} = 4+35$ wahr ist, denn $\sqrt{144+1225}=37$ und $\sqrt{1225+8\cdot 37}=\sqrt{1521}=39$.
  Damit ist $\underline{L=\{1225\}}$.

Exponentialgleichungen lassen sich häufig nicht exakt lösen. Tritt die Variable aber nur in den Exponenten auf, wie in den Beispielen, so hilft meistens die Anwendung von Potenzrechengesetzen und Logarithmieren, um die Gleichung zu einer Gleichung umzuformen, in der die Variable nicht mehr im Exponenten vorkommt.

Beispiele:

- $2^{6x-2} = 4^{2x+3}$ ((3) aus obigem Kasten)
Diese Gleichung lässt sich so umformen, dass auf beiden Seiten Potenzen mit der Basis 2 stehen, nämlich:
$$\begin{aligned} 2^{6x-2} = 4^{2x+3} &\iff 2^{6x-2} = (2^2)^{2x+3} \\ &\iff 2^{6x-2} = 2^{2(2x+3)} \end{aligned}$$
Eine Exponentialgleichung $a^{t_1} = a^{t_2}$ mit $a > 0, a \neq 1$ ist äquivalent zur Gleichung $t_1 = t_2$ (zur Begründung siehe Abschnitt 4.4.).
Also folgt hier $6x - 2 = 2(2x + 3)$, und das ist eine lineare Gleichung, die man wie üblich löst.
$$6x - 2 = 4x + 6 \iff 2x = 8 \iff \underline{x = 4}$$

- $3 \cdot 4^x = 2 \cdot 5^x$
Durch Umformung ergibt sich $(\frac{4}{5})^x = \frac{2}{3}$. Logarithmieren (mit einem beliebigen Logarithmus, z.B. mit ln) liefert hier
$x \cdot \ln 0,8 = \ln \frac{2}{3}$, also $x = \dfrac{\ln 2 - \ln 3}{\ln 0,8} \approx \underline{1,817}$.

- $7^{2x-1} = 3 \cdot 5^{x-3}$
Logarithmieren ergibt $(2x - 1)\ln 7 = \ln 3 + (x - 3)\ln 5$ und das ist eine lineare Gleichung. Man löst sie wie üblich:
$$\begin{aligned} &(2\ln 7)x - \ln 7 = \ln 3 + (\ln 5)x - 3\ln 5 \\ \iff &(2\ln 7)x - (\ln 5)x = \ln 3 + \ln 7 - 3\ln 5 \\ \iff &x \cdot (2\ln 7 - \ln 5) = \ln 3 + \ln 7 - 3\ln 5 \\ \iff &x = \frac{\ln 3 + \ln 7 - 3\ln 5}{2\ln 7 - \ln 5} = \frac{\ln \frac{21}{125}}{\ln \frac{49}{5}} \approx \underline{-0,782} \end{aligned}$$

- $2^{2x} + 5 \cdot 2^{x+1} - 11 = 0$ ((4) aus obigem Kasten)
ist äquivalent zu $(2^x)^2 + 10 \cdot 2^x - 11 = 0$.
Substituiert man jetzt $2^x = z$, so erhält man die quadratische Gleichung
$$z^2 + 10z - 11 = 0 \iff (z + 11)(z - 1) = 0$$
Also folgt $z = 1$ oder $z = -11$. Durch Einsetzen in die Substitutionsgleichung $2^x = z$ erhält man $2^x = 1$ oder $2^x = -11$. $2^x = -11$ besitzt keine Lösung. Also ist $x = 0$ (die Lösung von $2^x = 1$) die einzige Lösung der gegebenen Exponentialgleichung.

- $3^x + 2x = 5$
Solche Gleichungen, in denen die Variable im Exponenten und auch als Potenz vorkommt, lassen sich nur näherungsweise mit entsprechenden Verfahren (siehe z.B. **HM**) lösen.

Kapitel 3

Einiges im $\mathbb{R}^2$

Beschäftigt man sich mit Gleichungen oder Ungleichungen in zwei Variablen, so bewegt man sich in der Ebene $\mathbb{R}^2$.
Unter $\mathbb{R}^2$ versteht man die Menge der Punkte $\{(x, y) \mid x, y \in \mathbb{R}\}$.
Für einen Punkt $(x, y) \in \mathbb{R}^2$ heißen x und y die Koordinaten (Komponenten) des Punktes. Die Darstellung des $\mathbb{R}^2$ erfolgt üblicherweise in einem x, y-Koordinatensystem, welches nebenstehend skizziert ist (die (x, y)-Ebene). Die waagerechte Achse ist die x-Achse, die senkrechte Achse ist die y-Achse. Skizziert sind in dem Koordinatensystem die Punkte $P = (2, 3)$ und $Q = (-1, -2)$.
Bei einem Punkt $P = (x, y)$ nennt man die Zahl x auch die **Abszisse** von P und y die **Ordinate** von P.
Der Punkt $(0, 0)$ heißt **Nullpunkt** oder **Ursprung**.

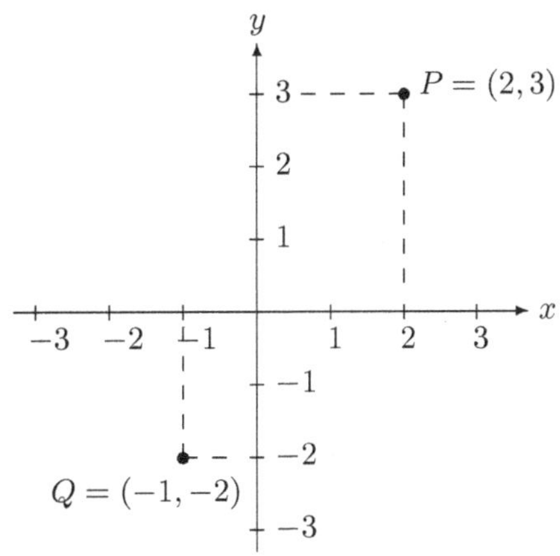

Durch die x-Achse und die y-Achse wird die Ebene in vier Bereiche eingeteilt, die man die **Quadranten** nennt und wie nebenstehend von 1 bis 4 numeriert. Beispielsweise ist der 3. Quadrant die Menge der Punkte $\{(x, y) \mid x < 0, y < 0\}$.

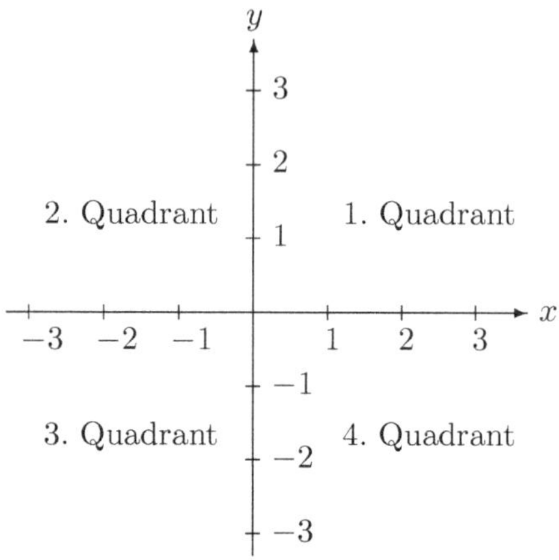

3.1 Lineare Gleichungssysteme mit zwei Variablen

Lineare Gleichungen mit zwei Variablen sind Gleichungen der Form

$$\boxed{ax + by + c = 0 \quad (a, b, c \in \mathbb{R},\ (a, b) \neq (0, 0))}$$

(Z.B. werden auch $x = 1$ und $2y = 6$ als lineare Gleichungen in zwei Variablen bezeichnet, wenn klar ist, dass diese Gleichungen im $\mathbb{R}^2$ zu betrachten sind, statt $x = 1$ also $x + 0 \cdot y = 1$ zu lesen wäre.)

Die Menge derjenigen Punkte des $\mathbb{R}^2$, die eine lineare Gleichung in zwei Variablen erfüllen, bildet eine Gerade. In nebenstehender Skizze sind die Lösungsmengen der Gleichungen (in den Variablen x und y)

$$\begin{aligned} x + y &= 1 \\ x &= 1 \\ 2y &= 6 \end{aligned}$$

skizziert.

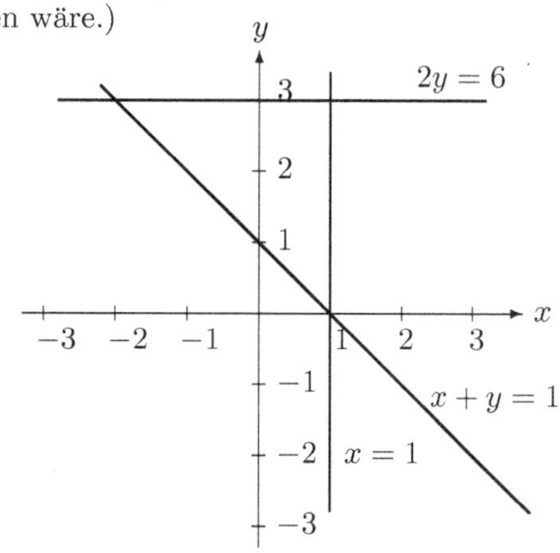

Sind eine oder mehrere lineare Gleichungen in zwei Variablen gegeben und alle Punkte gesucht, die diese Gleichungen gleichzeitig erfüllen, so spricht man von einem **linearen Gleichungssystem** (in zwei Variablen).

Beispiel:
$$\begin{aligned} x - y &= 1 \qquad (1)\\ 2x + y &= 5 \qquad (2) \end{aligned}$$

Es gibt verschiedene Methoden, solch ein Gleichungssystem zu lösen, die an diesem Beispiel erläutert werden sollen.

1. **Einsetzungsverfahren**
   a) Man löst eine der Gleichungen nach einer Variablen auf, z.B. ist (1) äquivalent zu $x = 1 + y$.
   b) Dies wird jetzt in Gleichung (2) eingesetzt und liefert
   $$2(1+y) + y = 5 \iff 2 + 2y + y = 5 \iff y = 1.$$
   c) Mit $y = 1$ ergibt sich aus a) dann $x = 2$.

   Also ist $L = \{(2,1)\}$. (Man beachte die Reihenfolge der Koordinaten!)

2. **Gleichsetzungsverfahren**
   a) Beide Gleichungen werden nach derselben Variablen aufgelöst:
   (1) $\iff y = x - 1$ und (2) $\iff y = 5 - 2x$.
   b) Die rechten Seiten dieser Gleichungen werden gleichgesetzt:
   $x - 1 = 5 - 2x \iff x = 2$
   c) Einsetzung von $x = 2$ in eine der Gleichungen unter a) liefert $y = 1$.

3. **Additionsverfahren**
   a) Jede der Gleichungen wird so mit einem Faktor $\neq 0$ multipliziert, dass bei Addition der Gleichungen eine der Variablen wegfällt. Hier können (1) und (2) direkt addiert werden (also wird jeweils mit 1 multipliziert).
   $$\begin{array}{rcrcl} x & - & y & = & 1\\ 2x & + & y & = & 5\\ \hline 3x & & & = & 6 \end{array}$$
   Es folgt $x = 2$.
   b) Einsetzen in eine der Gleichungen, z.B. in (1), liefert $y = 1$.

Da jede lineare Gleichung mit zwei Variablen eine Gerade darstellt, bedeutet das Lösen eines linearen Gleichungssystems mit zwei Variablen die Bestimmung der gemeinsamen Punkte aller dargestellten Geraden. In unserem Beispiel schneiden sich die beiden Geraden genau im Punkt $(2,1)$.

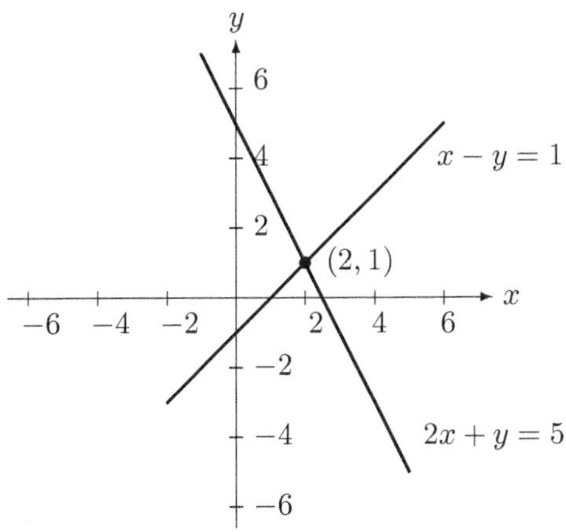

Das Additionsverfahren hat den Vorteil, dass man es auf größere lineare Gleichungssysteme (mehr Variablen und Gleichungen) verallgemeinern und rechnerisch schematisieren kann (Stichwort: GAUSSsches Eliminationsverfahren). Weitere **Beispiele** (gelöst mit dem Additionsverfahren, d.h. es wird jeweils wie angegeben multipliziert, und dann werden die Gleichungen addiert):

- $$\begin{array}{rcll} 2x-3y &=& 10 & \\ 5x+y &=& 8 & \mid \cdot 3 \\ \hline 17x &=& 34 & \\ x &=& 2 & \end{array}$$ oder Regie in anderer Form $$\begin{array}{rcl} 2x-3y &=& 10 \\ 5x+y &=& 8 \\ \hline 17x &=& 34 \\ x &=& 2 \end{array} \left.\begin{array}{l} 1 \\ 3 \end{array}\right]$$

  Einsetzen z.B. in die zweite Gleichung liefert:
  $10+y=8 \implies y=-2$ Also gilt $L=\{(2,-2)\}$.

- $$\begin{array}{rcl} 3x-2y &=& -7 \\ 2x+5y &=& 8 \\ \hline -19y &=& -38 \\ y &=& 2 \end{array} \left.\begin{array}{l} 2 \\ -3 \end{array}\right]$$

  Einsetzen z.B. in die erste Gleichung liefert:
  $3x-4=-7 \implies x=-1$ Also ist $L=\{(-1,2)\}$.

- $$\begin{array}{rcl} -2x+y &=& -2 \\ 4x-2y &=& 0 \\ \hline 0 &=& -4 \end{array} \left.\begin{array}{l} 2 \\ 1 \end{array}\right]$$

  Man erhält eine falsche Aussage; es gibt keine Lösung, d.h. $L=\emptyset$. Geometrisch bedeutet dies, dass die Geraden keine gemeinsamen Punkte haben. Sie sind parallel.

- $$\begin{array}{rcl} -2x+y &=& -2 \\ 4x-2y &=& 4 \\ \hline 0 &=& 0 \end{array} \left.\begin{array}{l} 2 \\ 1 \end{array}\right]$$

  Die zweite Gleichung ist das -2-fache der ersten Gleichung. Die Gleichungen stellen daher die gleiche Gerade dar und die Lösungsmenge des linearen Gleichungssystems ist die Menge der Punkte dieser Geraden.

Will man die durch eine lineare Gleichung gegebene Gerade schnell skizzieren, sind folgende Überlegungen von Vorteil:

1. Eine Gleichung, in der y nicht vorkommt, liefert durch Umformung zu $x=c$ eine zur y-Achse parallele Gerade, die durch den Punkt $(c,0)$ auf der x-Achse verläuft.
2. Eine Gleichung, in der x nicht vorkommt, liefert durch Umformung zu $y=c$ eine zur x-Achse parallele Gerade, die durch den Punkt $(0,c)$ auf der y-Achse verläuft.

3. Ist $ax + by = c$ mit $a \neq 0$ und $b \neq 0$ gegeben, so kann man wie folgt vorgehen:
   (i) Man bestimmt zwei verschiedene Punkte $(x_1, y_1), (x_2, y_2)$, die die Gleichung erfüllen. Dann ist die durch die Gleichung gegebene Gerade festgelegt, da durch zwei verschiedene Punkte genau eine Gerade verläuft.

   (ii) Man formt die Gleichung äquivalent um zu

   $$y = -\tfrac{a}{b}x + \tfrac{c}{a} =: mx + n$$

   und betrachtet z.B. die beiden speziellen Punkte $(0, n)$ und $(1, m + n)$, durch die die Gerade eindeutig festgelegt ist. In der Form $y = mx + n$ gibt n also die Stelle an, an der die Gerade die y-Achse schneidet. Einen zweiten Punkt erhält man dann, wenn man von diesem Punkt $(n, 0)$ um eine Einheit nach rechts geht (zu $x = 1$) und um m Einheiten nach oben (falls $m > 0$) oder um $|m|$ Einheiten nach unten (falls $m < 0$). Diesen Höhenzuwachs (bzw. Höhenverminderung) m beim Gang um den Schritt 1 nach rechts bezeichnet man als **Steigung** der Geraden.

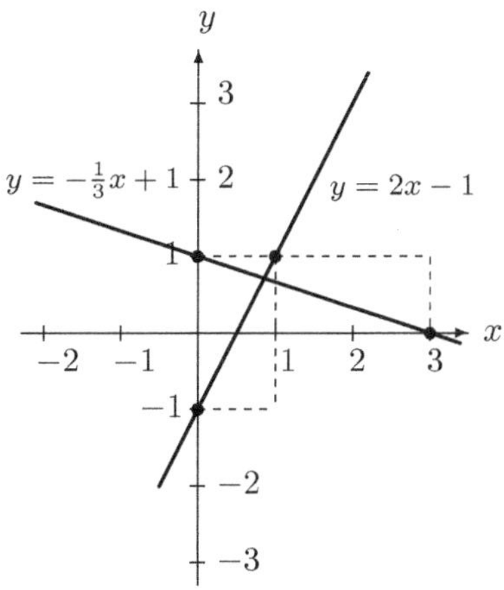

Diejenige Gerade, die durch die Punkte (x_1, y_1) und (x_2, y_2) mit $x_1 \neq x_2$ verläuft, ist gegeben durch die folgende Gleichung:

Zwei-Punkte-Form einer Geraden durch (x_1, y_1) und (x_2, y_2)

$$\frac{y - y_2}{x - x_2} = \frac{y_1 - y_2}{x_1 - x_2} \quad \text{bzw.} \quad y - y_2 = \frac{y_1 - y_2}{x_1 - x_2}(x - x_2)$$

Der Faktor $\frac{y_1 - y_2}{x_1 - x_2} = \frac{\text{Differenz der } y\text{-Werte}}{\text{Differenz der } x\text{-Werte}}$ heißt **Steigung** der Geraden, und wird üblicherweise mit m bezeichnet.

Eine Gerade ist auch durch Angabe eines Punktes und ihrer Steigung m eindeutig festgelegt. Sie wird beschrieben durch die folgende Gleichung:

Punkt-Steigungs-Form einer Geraden durch (x_1, y_1) mit Steigung m

$$y - y_1 = m(x - x_1)$$

Schneidet eine Gerade g die x-Achse bei $(a, 0)$ und die y-Achse bei $(0, b)$, so bezeichnet man a und b als **Achsenabschnitte**, falls $a, b \neq 0$ sind.

Sind a und b gegeben, so lautet die Geraden mit diesen Achsenabschnitten:

Achsenabschnittsform einer Geraden

$$\frac{x}{a} + \frac{y}{b} = 1 \quad , \quad a, b \neq 0$$

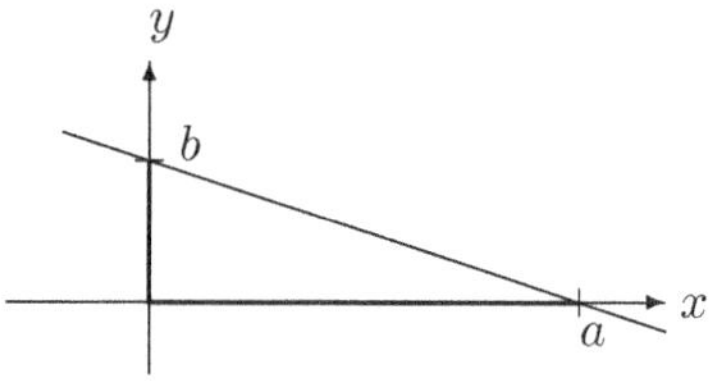

Beispiele zum Aufstellen von Gleichungen für Geraden:

- Gerade durch $(1, 2)$ und $(-1, 3)$:
  $$y - 2 = \tfrac{3-2}{-1-1}(x-1) \iff y - 2 = -\tfrac{1}{2}(x-1)$$
  $$\iff y = -\tfrac{1}{2}x + \tfrac{5}{2}$$
- Gerade durch $(-3, 5)$ und $(1, -1)$:
  $$y - 5 = \tfrac{-1-5}{1-(-3)}(x-(-3)) \iff y - 5 = -\tfrac{3}{2}(x+3)$$
  $$\iff y = -\tfrac{3}{2}x + \tfrac{1}{2}$$
- Gerade durch $(-2, 1)$ mit Steigung 5:
  $$y - 1 = 5(x+2) \iff y = 5x + 11$$
- Gerade durch $(-1, -2)$ mit Steigung $-\frac{1}{3}$:
  $$y + 2 = -\tfrac{1}{3}(x+1) \iff y = -\tfrac{1}{3}x - \tfrac{7}{3}$$
- Gerade durch $(0, 5)$ und $(3, 0)$:
  $$\tfrac{x}{3} + \tfrac{y}{5} = 1 \iff y = -\tfrac{5}{3}x + 5$$
- Gerade mit den Achsenabschnitten -1 und -4:
  $$\tfrac{x}{-1} + \tfrac{y}{-4} = 1 \iff y = -4x - 4$$

Beispiele für Textaufgaben, die auf lineare Gleichungssysteme mit zwei Variablen führen.

Zwei Orte liegen 440 km auseinander. Um 8 Uhr fährt ein Auto mit 80 km/h von A nach B, um 10 Uhr fährt ein Auto mit 60 km/h von B nach A. Wann und wo treffen sie sich?

Lösung:

Sei t die Anzahl der Stunden ab 8 Uhr, s km die Entfernung von A in Richtung B.
Für das Auto ab A gilt: $s = 80t$
Für das Auto ab B gilt: $s = 440 - 60(t-2)$
Lösung mit der Gleichsetzungsmethode:

$$80t = 440 - 60(t-2) \iff 140t = 560$$
$$\iff t = 4$$

Treffpunkt 12 Uhr, 320 km von A entfernt.

Bewegungsdiagramm

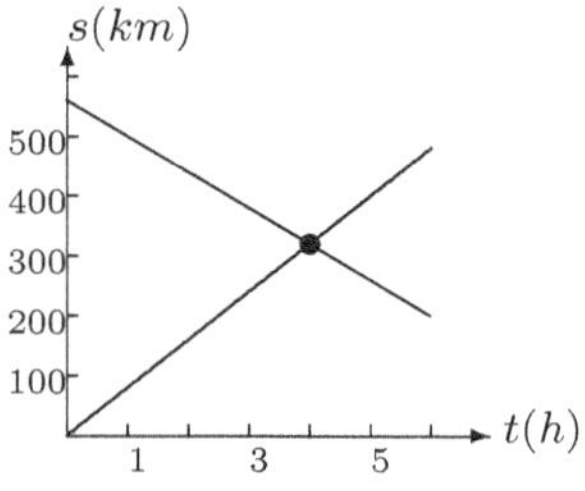

Ein Radrennfahrer verfolgt eine Gruppe von Fahrern die 30 km/h fährt, und die einen Vorsprung von 20 km hat, mit einer Geschwindigkeit von 36 km/h. Wann holt er die Gruppe ein?

Lösung:

Wir benutzen wieder s und t für Weg und Zeit.

Bewegung des Einzelfahrers: $s = 36t$

Bewegung der Gruppe: $s = 20 + 30t$

Lösung mit der Gleichsetzungsmethode:

$36t = 20 + 30t \iff t = \frac{20}{6} = 3\frac{1}{3}$

Er holt die Gruppe nach 3 Stunden und 20 Minuten (nach 120 km Fahrt) ein.

Klar: er ist 6 km/h schneller, benötigt für 20 km also $3\frac{1}{3}$ Stunden.

Bewegungsdiagramm

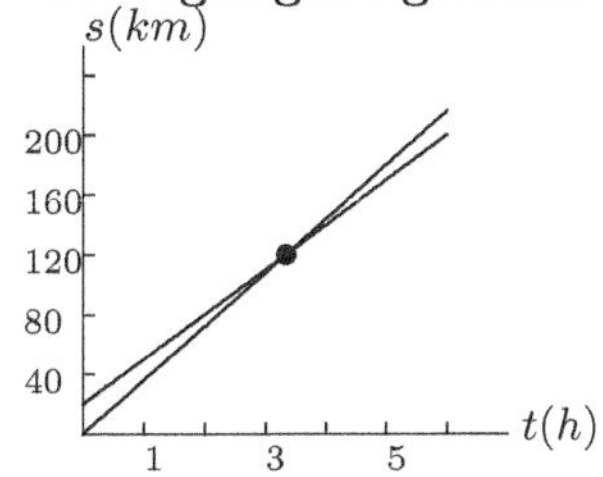

Ein Ausflugsdampfer braucht für eine Flußstrecke von 35 km stromabwärts 1 Stunde und 24 Minuten, für den Rückweg stromauf 2 Stunden und 20 Minuten. Wie groß ist die Geschwindigkeit des Schiffes gegenüber dem Wasser, und wie groß ist die Fließgeschwindigkeit des Wassers?

Lösung:

Wir setzen die Eigengeschwindigkeit des Schiffes mit v_1 km/h und die Fließgeschwindigkeit des Wassers mit v_2 km/h an.

Für den Hinweg gilt: $\frac{84}{60}(v_1 + v_2) = 35$ $\iff$ $v_1 + v_2 = \frac{35 \cdot 60}{84} = 25$

Für den Rückweg gilt: $\frac{140}{60}(v_1 - v_2) = 35$ $\quad$ $v_1 - v_2 = \frac{35 \cdot 60}{140} = 15$

Addition liefert $2v_1 = 40$, also $v_1 = 20$ und weiter $v_2 = 5$.

Eigengeschwindigkeit des Schiffes: 20 km/h, Fließgeschwindigkeit des Wassers: 5 km/h.

Ein Vater war vor 7 Jahren 7 mal so alt wie seine Tochter. In 3 Jahren wird er 3 mal so alt wie sie sein. Wie alt sind beide jetzt?

Lösung:

Alter des Vaters jetzt: x Jahre; Alter der Tochter jetzt: y Jahre.

Die erste Aussage liefert: $x - 7 = 7(y - 7)$ $\iff$ $x - 7y = -42$

Die zweite Aussage liefert: $x + 3 = 3(y + 3)$ $\quad$ $x - 3y = 6$

Subtraktion liefert $-4y = -48$, also $y = 12$ und weiter $x = 42$.

Der Vater ist jetzt 42 Jahre alt, die Tochter 12 Jahre alt.

Ein Wasserbehälter hat zwei Zuflußrohre. Ist das erste Rohr 25 min geöffnet und das zweite Rohr 30 min, so fließen 1390 l in den Behälter, ist das erste Rohr 10 min und das zweite Rohr 15 min geöffnet, so fließen 640 l in den Behälter. Wieviel Wasser liefert jedes Rohr pro Minute?

Lösung:

Erstes Rohr: x l pro Minute; zweites Rohr: y l pro Minute

$$\begin{array}{lrl} \text{1. Aussage:} & 25x + 30y = 1390 & | \cdot 1 \\ \text{2. Aussage:} & 10x + 15y = \ \ 640 & | \cdot (-2) \\ \hline & 5x \qquad = \ \ 110 & \end{array}$$

Es folgt $x = 22$ und weiter z.B. $220 + 15y = 640$, also $y = 28$.

Das erste Rohr liefert 22 l Wasser pro Minute, das zweite Rohr 28 l Wasser.

3.2 Lineare Ungleichungen mit zwei Variablen

Entsprechend 3.1 ist eine lineare Ungleichung in zwei Variablen gegeben durch

$$\boxed{ax + by \leq c \quad (a, b, c \in \mathbb{R}, (a, b) \neq (0, 0))}$$

wobei statt $\leq$ auch $<$, $\geq$, $>$ stehen kann.

Die Lösungsmenge einer linearen Ungleichung mit zwei Variablen ist eine Halbebene. In nebenstehender Skizze erfüllen genau die Punkte

über	der Geraden	$y > mx + n$
auf		$y = mx + n$
unter	die Bedingung	$y < mx + n$.

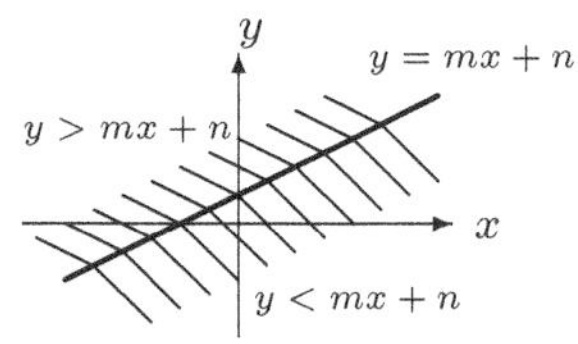

Beispiel: $x - \frac{1}{2}y - 2 \leq 0$
Lösungsmenge dieser Ungleichung ist die nebenstehend schraffiert skizzierte Halbebene mit Rand (mit der Geraden), denn:

$$x - \tfrac{1}{2}y - 2 \leq 0 \Longleftrightarrow -\tfrac{1}{2}y \leq 2 - x$$
$$\Longleftrightarrow y \geq 2x - 4$$

Es wird die Randgerade $y = 2x - 4$ skizziert, und das Ungleichungszeichen zeigt, welche Halbebene die Lösungsmenge ist (siehe oben), in den Beispielen jeweils schraffiert.

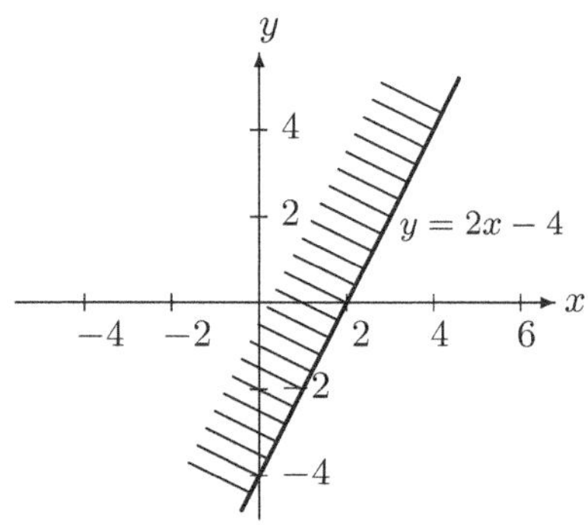

Die Lösungsmenge eines Systems von mehreren linearen Ungleichungen in zwei Variablen ist der Durchschnitt der Lösungsmenge der einzelnen Ungleichungen des Systems, also der Durchschnitt von gewissen Halbebenen.

Beispiele:

- $$\begin{aligned} 2x + y &\leq 4 \\ x - y &\leq -1 \end{aligned}$$

  $\Longleftrightarrow$

  $$\begin{aligned} y &\leq -2x + 4 \\ y &\geq x + 1 \end{aligned}$$

  Lösungsmenge ist der Durchschnitt der beiden Halbebenen $y \leq -2x + 4$ und $y \geq x + 1$, also der links von $(1, 2)$ liegende Bereich zwischen den Geraden einschließlich der Geraden.

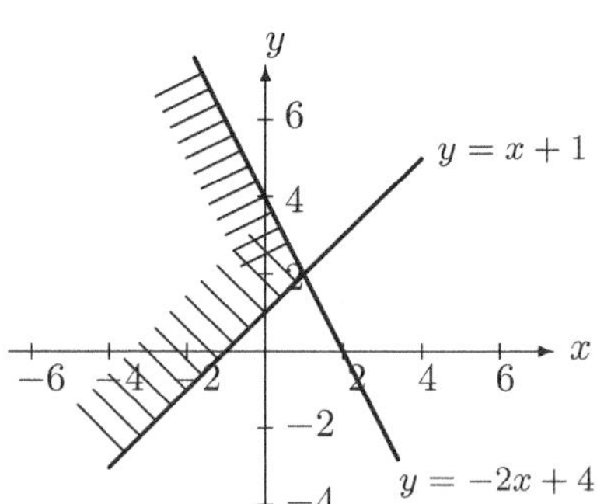

- $$\begin{array}{rcl} y & \leq & x \\ x+y & \leq & 2 \\ y & \geq & 0 \end{array}$$
  $\iff$
  $$\begin{array}{rcl} y & \leq & x \\ y & \leq & 2-x \\ y & \geq & 0 \end{array}$$
  Lösungsmenge ist das skizzierte von allen drei Schraffuren überdeckte Dreieck mit Rand.

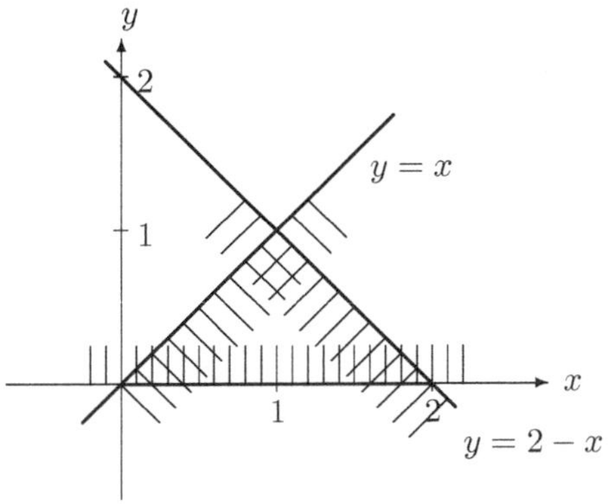

- $|x+y| < 2$
  Diese Ungleichung mit einem Betrag steht für ein Ungleichungssystem, und zwar $x + y < 2$ und $x+y > -2$, kurz $-2 < x+y < 2$. Also:
  $$\begin{array}{rl} & |x+y| < 2 \\ \iff & -2 < x+y < 2 \\ \iff & -2-x < y < -x+2 \end{array}$$
  Lösungsmenge ist also die Menge der Punkte zwischen den beiden parallelen Geraden, ohne die Geraden selbst.

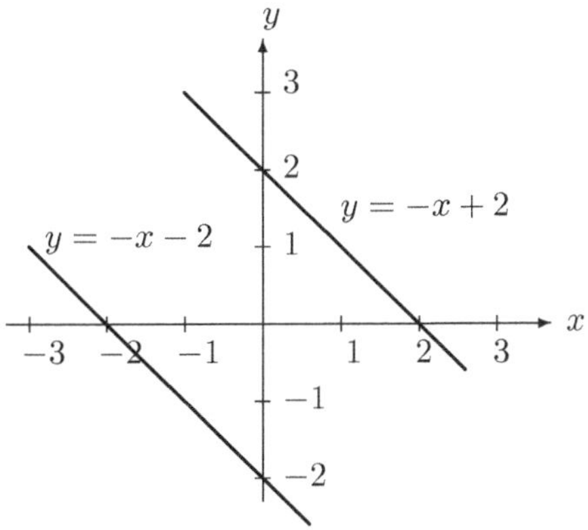

- $|x| + |y| \leq 2$
  1. Fall: $x, y > 0$
  $|x| + |y| \leq 2 \iff x + y \leq 2$
  Im 1. Quadranten gehören die Punkte unterhalb der Geraden $y = 2 - x$ zur Lösungsmenge. Da in der Ungleichung y nur in der Form $|y|$ vorkommt, ist die Lösungsmenge symmetrisch zur x-Achse. Entsprechend ist sie auch symmetrisch zur y-Achse. So ergibt sich die nebenstehend skizzierte Lösungsmenge.

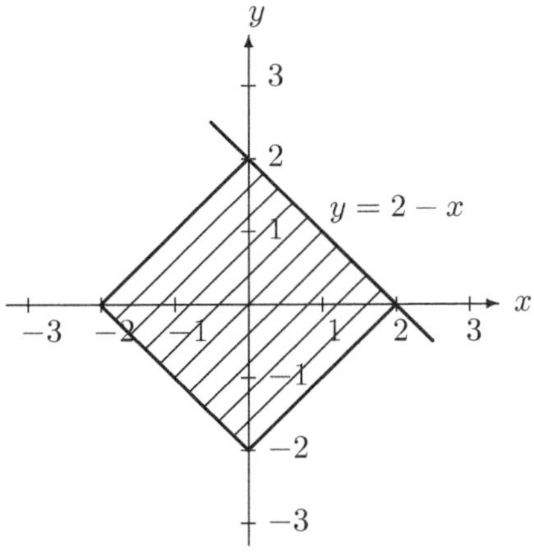

3.3 Spezielle Gleichungen mit zwei Variablen

Hier sollen die Gleichungen der Form

(∗) $$ax^2 + by^2 + cx + dy + e = 0 \quad , \quad a, b, c, d, e \in \mathbb{R}$$

behandelt werden, und die Punktmengen beschrieben werden, die durch solche Gleichungen im $\mathbb{R}^2$ gegeben sind.
Für $a = b = 0$ erhält man lineare Gleichungen, die in 3.1. behandelt wurden. Wir setzen jetzt also $(a, b) \neq (0, 0)$ voraus.
Zunächst betrachten wir die Gleichung $x^2 + y^2 = r^2$. Ein Punkt (x, y) erfüllt diese Gleichung, wenn sein Abstand vom Punkt $(0, 0)$ gleich r ist. Dies erkennt man an der folgenden Skizze sofort durch Anwendung des Satzes von PYTHAGORAS auf das Dreieck mit den Eckpunkten $(0, 0), (x, 0)$ und (x, y).

Also beschreibt $x^2 + y^2 = r^2$ den Kreis um den Ursprung mit dem Radius r.

Kreisgleichung
$$x^2 + y^2 = r^2$$
Kreis um den Nullpunkt mit Radius r

$x^2 + y^2 = 1$ **Einheitskreis**

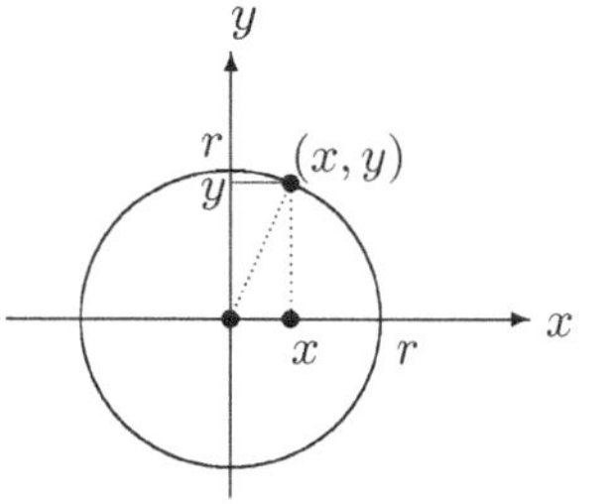

Weitere Gleichungen, die sich aus (∗) ergeben können, mit den zugehörigen Kurven, sind:

Ellipsengleichung
$$\frac{x^2}{a^2} + \frac{y^2}{b^2} = 1$$
Ellipse mit Mittelpunkt im Ursprung und den Halbachsen a und b.

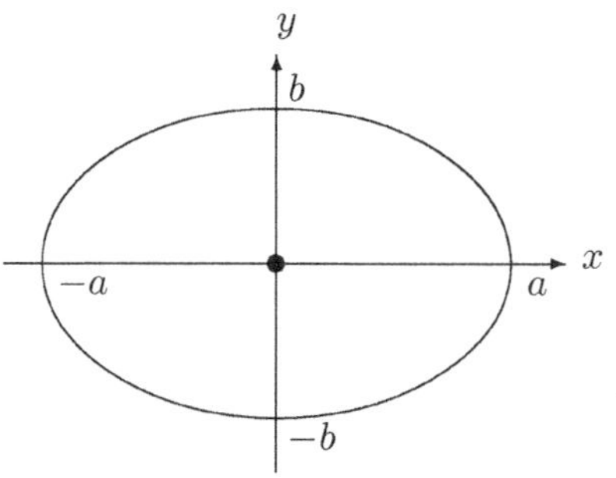

Parabelgleichung
(1) $y = ax^2$ oder (2) $x = ay^2$
Parabeln mit Scheitelpunkt $(0, 0)$,
Richtung y-Achse geöffnet (1),
Richtung x-Achse geöffnet (2).

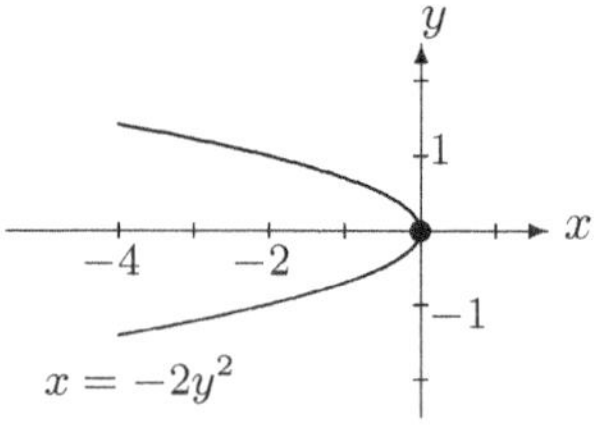

Hyperbelgleichung

$$\frac{x^2}{a^2} - \frac{y^2}{b^2} = \pm 1$$

Hyperbeln mit Mittelpunkt $(0,0)$,
Richtung x-Achse geöffnet bei $+1$,
Richtung y-Achse geöffnet bei -1,
Halbachsen a und b,
Asymptoten $y = \pm\frac{b}{a}x$

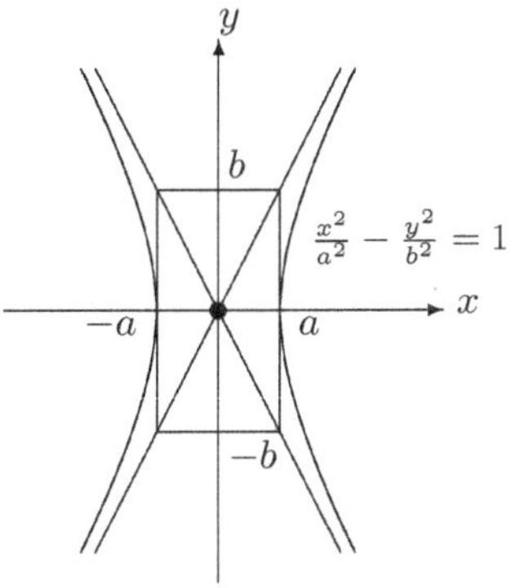

Kurzinformationen zu den Kurven:
Eine **Ellipse** ist die Menge aller Punkte einer Ebene, für die die Summe der Abstände von zwei festen Punkten F_1 und F_2 konstant ist. F_1 und F_2 heißen die Brennpunkte der Ellipse.
Eine **Hyperbel** ist die Menge aller Punkte einer Ebene, für die der Betrag der Differenz der Abstände von zwei festen Punkten F_1 und F_2 konstant ist. F_1 und F_2 heißen die Brennpunkte der Hyperbel.
Bei einer Hyperbel liegt die Bedeutung von a und b darin, dass sie, wie aus der Skizze ersichtlich ist, den Verlauf der **Asymptoten** der Hyperbel (Geraden, denen die Hyperbel beliebig nahe kommt) bestimmen.
Eine **Parabel** ist die Menge aller Punkte einer Ebene, für die der Abstand von einem festen Punkt F und einer Geraden l gleich ist. F heißt Brennpunkt, l heißt Leitlinie der Parabel.
Diese Kurven werden i.A. als **Kegelschnitte** bezeichnet. Hierzu und für weitere Eigenschaften dieser Kurven, insbesondere Brennpunkte und Leitlinie – auf die wir hier nicht eingehen – sei auf das Buch **EM 1** verwiesen.
Liegen die Mittelpunkte (Scheitelpunkte) dieser Kurven nicht im Nullpunkt, so werden sie durch die folgenden allgemeineren Gleichungen beschrieben:

Kegelschnitte in allgemeiner (achsenparalleler) **Lage**

Kreis (1) $(x - x_m)^2 + (y - y_m)^2 = r^2$
Kreis mit Mittelpunkt (x_m, y_m) und Radius r

Ellipse (2) $\frac{(x - x_m)^2}{a^2} + \frac{(y - y_m)^2}{b^2} = 1$
Ellipse mit Mittelpunkt (x_m, y_m) und Halbachsen a und b

Hyperbel (3) $\frac{(x - x_m)^2}{a^2} - \frac{(y - y_m)^2}{b^2} = \pm 1$ (+: rechts-links geöffnet) (−: oben-unten geöffnet)
Asymptoten: $y - y_m = \pm\frac{b}{a}(x - x_m)$

Parabel (4) $y - y_s = a(x - x_s)^2$ Zur y-Achse geöffnet
$x - x_s = a(y - y_s)^2$ Zur x-Achse geöffnet
Scheitelpunkt (x_s, y_s)

Beispiele:

Kreis

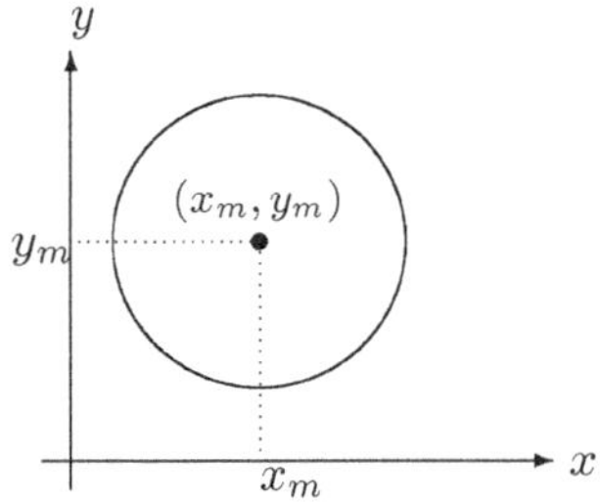

Ellipse

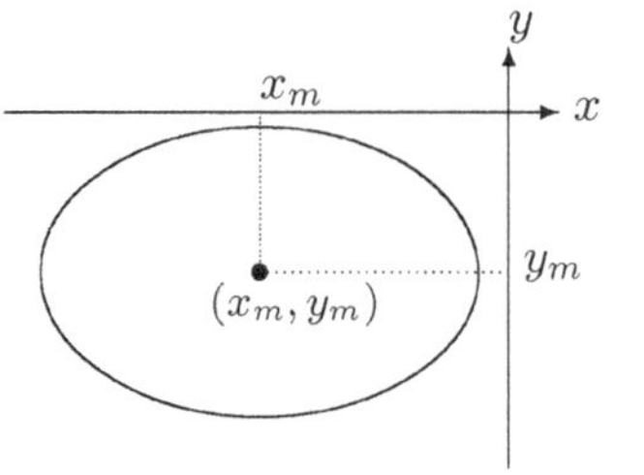

Parabel

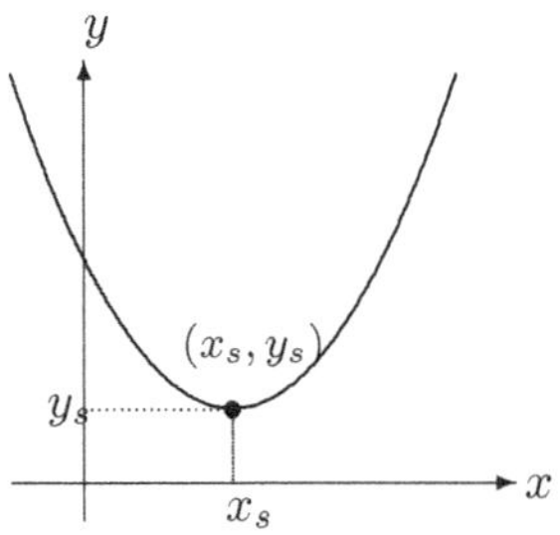

Hyperbel

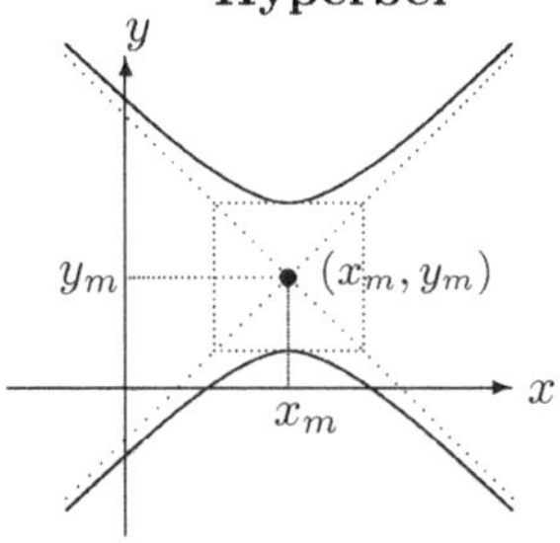

Die durch die **allgemeine Gleichung 2. Grades** (hier taucht im Vergleich mit (∗) zusätzlich ein Term xy auf)

$$ax^2 + by^2 + 2cxy + 2dx + 2ey + f = 0$$

gegebenen Kurven zweiter Ordnung sind die sog. Kegelschnitte. Sie lassen sich durch gewisse **Invarianten** leicht klassifizieren - siehe dazu **F+H**.
Zur Skizzierung solcher Kurven sind schwierigere Überlegungen notwendig, die i.a. über das Schulwissen hinausgehen.

Wir stellen hier nur dar, wie man an einer gegebenen Gleichung $ax^2 + by^2 + cx + dy + e = 0$ (also ohne Term xy) schnell den dargestellten Kurventyp erkennen kann. Dazu schaue man sich a und b an und unterscheide wie folgt:

1. $a \neq 0$, $b = 0$ Versuche, auf die Form (4) zu bringen. (**Parabel**)
2. $a = 0$, $b \neq 0$ Versuche, auf die Form (4) zu bringen. (**Parabel**)
3. $a \neq 0, b \neq 0$
   - α) $a = b$ Versuche, auf die Form (1) zu bringen. (**Kreis**)
   - β) $a \neq b$ und $ab > 0$, d.h. a und b haben gleiches Vorzeichen. Versuche, auf die Form (2) zu bringen. (**Ellipse**)
   - γ) $a \neq b$ und $ab < 0$, d.h. a und b haben unterschiedliches Vorzeichen. Versuche, auf Form (3) zu bringen. (**Hyperbel**)

Es können einige Sonderfälle auftreten, auf die in den Beispielen eingegangen wird.
Bei den Termumformungen werden überwiegend **quadratische Ergänzungen** benutzt.
Beispiele:

- $x^2 + y^2 - 2x + 4y - 4 = 0 \iff x^2 - 2x + y^2 + 4y = 4$
  $a = b = 1 \iff (x-1)^2 + (y+2)^2 = 4 + 1 + 4$
  (umformen zur Form (1)) $\iff (x-1)^2 + (y+2)^2 = 9$
  Kreis um $(1, -2)$ mit Radius 3

- $2x^2 + 4x + y = 0 \iff y = -2(x^2 + 2x)$
  $a = 2\ ,\ b = 0 \iff y = -2((x+1)^2 - 1)$
  (umformen zur Form (4)) $\iff y - 2 = -2(x+1)^2$
  $\iff$ nach unten geöffnete **Parabel** mit Scheitelpunkt $S = (-1, 2)$.

- $2x^2 - 3y^2 + 4x - 18y - 13 = 0 \iff 2(x^2 + 2x) - 3(y^2 + 6y) = 13$
  $a = 2\ ,\ b = -3 \iff 2((x+1)^2 - 1) - 3((y+3)^2 - 9) = 13$
  (umformen zu (3)) $\iff 2(x+1)^2 - 3(y+3)^2 = 13 + 2 - 27$
  $\iff \frac{(y+3)^2}{4} - \frac{(x+1)^2}{6} = 1$
  in y-Richtung geöffnete **Hyperbel** mit Mittelpunkt $(-1, -3)$.

- $x^2 + 2y^2 - 2y = 3 \iff x^2 - 2x + 2y^2 = 3$
  $a = 1\ ,\ b = 2 \iff (x-1)^2 - 1 + 2y^2 = 3$
  (umformen zur Form (2)) $\iff \frac{(x-1)^2}{4} + \frac{y^2}{2} = 1$
  Ellipse mit Mittelpunkt $(1, 0)$ und den Halbachsen 2 und $\sqrt{2}$

- $-\frac{1}{2}y^2 + 2x - y = 1 \iff 2x = \frac{1}{2}(y^2 + 2y) + 1$
  $a = 0\ ,\ b = -\frac{1}{2} \iff 2x = \frac{1}{2}((y+1)^2 - 1) + 1$
  (umformen zu Form (4)) $\iff 2x - \frac{1}{2} = \frac{1}{2}(y+1)^2$
  $\iff x - \frac{1}{4} = \frac{1}{4}(y+1)^2$
  nach rechts geöffnete **Parabel** mit Scheitelpunkt $(\frac{1}{4}, -1)$

- $x^2 - y^2 - 2x + 2y = 0 \iff (x-1)^2 - (y-1)^2 = 0$
  $a = 1\ ,\ b = -1 \iff |x-1| = |y-1|$
  (3) ist nicht erreichbar $\iff y - 1 = x - 1$ oder $y - 1 = -(x-1)$
  $\iff y = x$ oder $y = -x + 2$
  Paar sich schneidender Geraden

- $2x^2 + y^2 + 6y + 10 = 0 \iff 2x^2 + (y+3)^2 - 9 + 10 = 0$
  $a = 2\ ,\ b = 1 \iff 2x^2 + (y+3)^2 = -1$
  (umformen zu Form (2)) (2) ist nicht erreichbar
  Die letzte Gleichung zeigt aber, dass $L = \emptyset$ gilt, da die Summe von zwei Quadraten niemals negativ sein kann.
  (Stände in der Ausgangsgleichung +9 statt +10, so erhielte man als letzte Gleichung $2x^2 + (y+3)^2 = 0$, und diese Gleichung hat die einelementige Lösungsmenge $L = \{(0, -3)\}$.)

Es sind also gewisse **entartete Fälle** bei der Gleichung $(*)$ möglich.

Noch drei Beispiele zum Üben (Umformen, so dass die darunterstehende Skizze klar ist).

$x^2 - 2y - 4x + 6 = 0$	$2x^2 + \frac{1}{2}y^2 - 8x + y + \frac{1}{2} = 0$	$x^2 - y^2 - 4x + 2y + 4 = 0$
$\iff$	$\iff$	$\iff$
$2y = x^2 - 4x + 6$	$2(x^2 - 4x) + \frac{1}{2}(y^2 + 2y) = -\frac{1}{2}$	$(x-2)^2 - (y-1)^2 = -1$
$2y = (x-2)^2 + 2$	$2(x-2)^2 + \frac{1}{2}(y+1)^2 = 8$	$(y-1)^2 - (x-2)^2 = 1$
$y - 1 = \frac{1}{2}(x-2)^2$	$\frac{(x-2)^2}{4} + \frac{(y+1)^2}{16} = 1$	

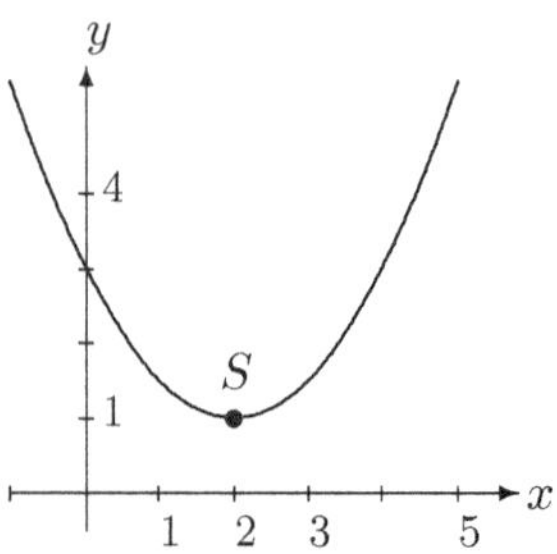

Parabel

$y - 1 = \frac{1}{2}(x-2)^2$

Scheitelpunkt $S = (2, 1)$

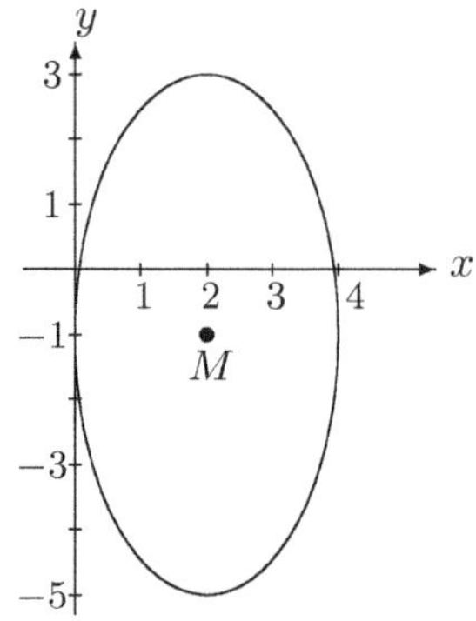

Ellipse

$\frac{(x-2)^2}{4} + \frac{(y+1)^2}{16} = 1$

Mittelpunkt $M = (2, -1)$
Halbachsen $a = 2$, $b = 4$

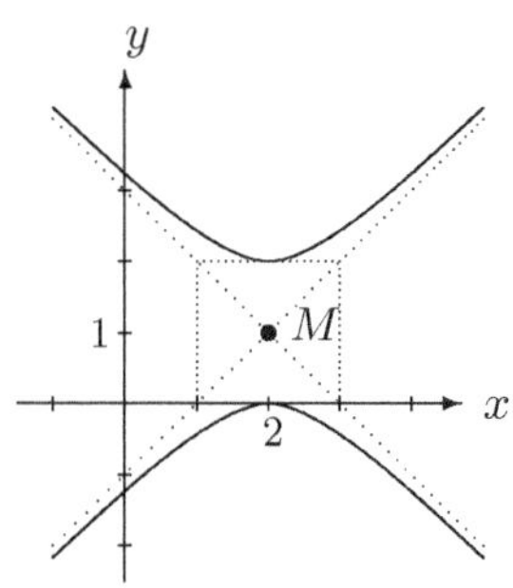

Hyperbel

$(y-1)^2 - (x-2)^2 = 1$

Mittelpunkt $M = (2, 1)$
in y-Richtung geöffnet
Halbachsen $a = 1$, $b = 1$
Asymptoten:
$y - 1 = \pm(x - 2)$

3.4 Funktion, Graph einer Funktion

Eine reelle Funktion f ist eine Zuordnung, die jeder reellen Zahl aus einer Teilmenge D von $\mathbb{R}$ genau eine reelle Zahl $y =: f(x)$ zuordnet. Man nennt y (bzw. $f(x)$) das **Bild** von x unter f oder den **Funktionswert** von f an der Stelle x.
Die Menge $\{f(x) \,|\, x \in D\} =: f(D)$ heißt **Bildmenge** oder **Bildbereich** von f. D heißt **Definitionsbereich** von f. Schreibweise und Zusammenfassung:

Terminologie bei reellen Funktionen

$$f : \begin{cases} D & \longrightarrow & \mathbb{R} \\ x & \longmapsto & f(x) \end{cases}$$

D	**Definitionsbereich**
$f(D) \subseteq \mathbb{R}$	**Bildmenge**
$y = f(x)$	**Funktionsgleichung**

Beispiele:

- $f : \mathbb{R} \longrightarrow \mathbb{R}$ $\quad y = f(x) = 2x$ $\quad$ (oder kurz $y = 2x$)
  Jeder reellen Zahl wird das Doppelte der Zahl zugeordnet.
- $f : \mathbb{R} \longrightarrow \mathbb{R}$ $\quad y = f(x) = x^2$ $\quad$ (oder kurz $y = x^2$)
  Jeder reellen Zahl wird ihr Quadrat zugeordnet.

In der Schreibweise $f : \mathbb{R} \longrightarrow \mathbb{R}$ bedeutet das rechts stehende $\mathbb{R}$ nicht, dass dies die Bildmenge ist.
Betrachtet man $g : \begin{cases} \mathbb{R} & \longrightarrow & \mathbb{R}_{\geq 0} \\ x & \longmapsto & x^2 \end{cases}$, so unterscheidet man g von f aus dem zweiten Beispiel.
Zwei Funktionen $f : \begin{cases} A & \longrightarrow & B \\ x & \longmapsto & f(x) \end{cases}$ und $g : \begin{cases} C & \longrightarrow & D \\ x & \longmapsto & g(x) \end{cases}$ sind genau dann gleich, wenn $A = C$, $B = D$ und $f(x) = g(x)$ für alle $x \in A$ gilt.

Gibt man eine Funktion nur durch ihre Funktionsgleichung an, z.B. $y = \frac{1}{x-1}$, so meint man stets diejenige Funktion $f : A \longrightarrow B$, bei der A der maximale Definitionsbereich ist und $B = f(A)$ gilt, hier also $A = \mathbb{R} \setminus \{1\}$ und $B = \mathbb{R} \setminus \{0\}$.

Anwendungsbeispiele für Funktionen

- Kostet jede angefangene Minute eines Telefongesprächs 19 Cent, so sind die Telefonkosten (in Cent) eine Funktion der Zeit x (in Minuten): $K = f(x)$.
  Diese Funktion ist nur für $x \geq 0$ sinnvoll, sie hat also den Definitionsbereich $\mathbb{R}_{\geq 0} := \{x \in \mathbb{R} \,|\, x \geq 0\}$.
- Bei konstanter Geschwindigkeit v ist der zurückgelegte Weg s eine Funktion der Zeit t, also $s = s(t) = vt$ (Weg = Geschwindigkeit mal Zeit).

Ist eine reelle Funktion $f : \begin{cases} D & \longrightarrow & \mathbb{R} \\ x & \longmapsto & f(x) \end{cases}$ gegeben, so bezeichnet man die Menge $\{(x, y) \,|\, x \in D\,,\ y = f(x)\}$ als **Graph der Funktion** f.

Graphen von Funktionen vermitteln Vorstellungen von Funktionen und lassen Eigenschaften von Funktionen erkennen. Deshalb werden im folgenden Kapitel wichtige Klassen von Funktionen samt ihren Graphen vorgestellt. Einiges haben wir schon in diesem Kapitel kennengelernt.

Beispiele:

- $f : \begin{cases} \mathbb{R} & \longrightarrow & \mathbb{R} \\ x & \longmapsto & 2x+1 \end{cases}$

  Die Funktionsgleichung $y = 2x+1$ ist eine lineare Gleichung, deren Lösungsmenge eine Gerade ist (siehe 3.1.). Diese Gerade ist der Graph der Funktion f.

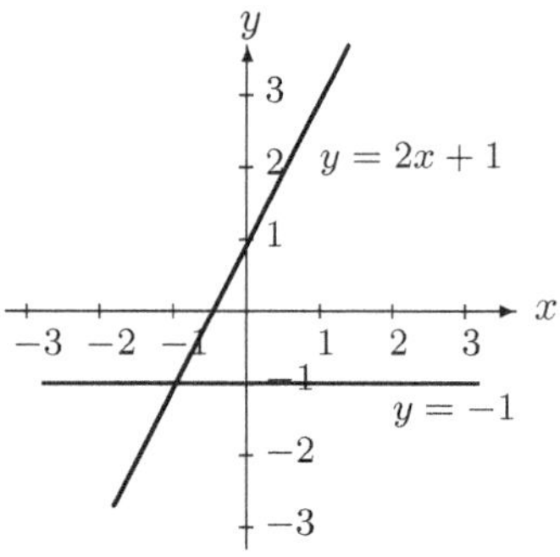

- $y = f(x) = -1$
  (Wir geben Funktionen jetzt meist nur noch durch ihre Funktionsgleichung an.)
  Der Graph von f ist ebenfalls eine Gerade - in der oberen Skizze dargestellt.
- $y = x^2$
  Nach 3.3 ist der Graph eine Parabel, die in Richtung der y-Achse geöffnet ist, und deren Scheitelpunkt in $(0, 0)$ liegt. Den Graphen bezeichnet man als **Normalparabel**.

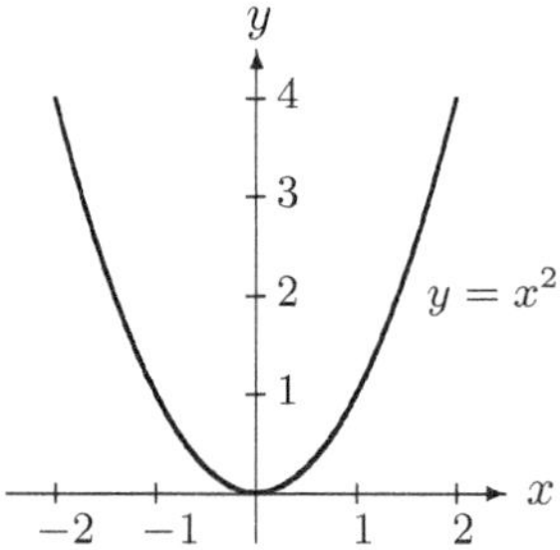

Die Funktionen aus obigen Beispielen gehören jeweils zu Klassen spezieller Funktionen.

Konstante und lineare Funktionen	
$y = f(x) = c \quad (c \in \mathbb{R})$	heißt konstante Funktion.
$y = f(x) = ax + b \quad (a, b \in \mathbb{R}, a \neq 0)$	heißt lineare Funktion.
Die Graphen von konstanten und linearen Funktionen sind Geraden.	

Quadratische Funktionen

$y = f(x) = ax^2 + bx + c \quad (a, b, c \in \mathbb{R}, a \neq 0)$ heißt quadratische Funktion.
Die Graphen von quadratischen Funktionen sind Parabeln.

$a > 0$:	Die Parabel ist nach oben geöffnet (in Richtung der pos. y-Achse).
$a < 0$:	Die Parabel ist nach unten geöffnet (in Richtung der neg. y-Achse).

Wichtiges über Graphen quadratischer Funktionen (Parabeln)

Name	Gleichung	Man erkennt:
Normalform	$y = ax^2 + bx + c$	$a > 0$ nach oben geöffnet $a < 0$ nach unten geöffnet $(0, c)$ Schnittpunkt mit y-Achse
Scheitelform	$y - y_s = a(x - x_s)^2$	(x_s, y_s) Scheitelpunkt (siehe 3.3)
Linearfaktor-zerlegung	$y = a(x - x_1)(x - x_2)$ Nur möglich, wenn Nullstellen vorhanden. Es ist dann $x_s = \frac{x_1+x_2}{2}$. (Die Abszisse des Scheitelpunkts ist aus Symmetriegründen das arithm. Mittel der Nullstellen.)	x_1, x_2 sind die Nullstellen

Zur Skizzierung des Graphen einer quadratischen Funktion $y = ax^2 + bx + c$ ist es daher sinnvoll, die Funktionsgleichung gleich in die Scheitelform $y - y_s = a(x - x_s)^2$ zu bringen, aus der man den Scheitelpunkt $S = (x_s, y_s)$ ablesen kann. Der Faktor a gibt dann jeweils die Enge (Weite) der Öffnung der Parabel an (je größer $|a|$, desto enger wird die Öffnung der Parabel).

Beispiele:

(1) $y = f(x) = 2x^2 - 1$

(2) $y = -\frac{1}{2}x^2 + 2x + 2$

Scheitelform erzeugen:

(1) $y + 1 = 2x^2$
Scheitelpunkt $S = (0, -1)$

(2) $y = -\frac{1}{2}(x^2 - 4x) + 2$
$y = -\frac{1}{2}(x - 2)^2 + 4$
Scheitelpunkt $S = (2, 4)$

Mit einer kleinen **Wertetabelle**, bei der wegen der Symmetrie Werte rechts vom Scheitelpunkt reichen, kann nun der Graph jeweils skizziert werden.

x	y
0	-1
1	1
2	7

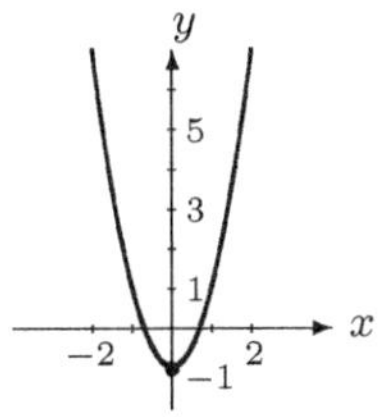

x	y
2	4
3	$\frac{7}{2}$
4	2
5	$-\frac{1}{2}$

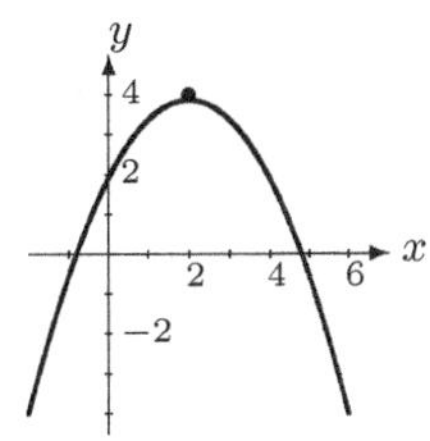

(3) $y = x^2 + 2x - 3$
$y + 4 = (x + 1)^2 \quad S = (-1, -4)$
$y = (x + 3)(x - 1)$

(4) $y = \frac{1}{4}x^2 - x + 2$
$y - 1 = \frac{1}{4}(x - 2)^2 \quad S = (2, 1)$

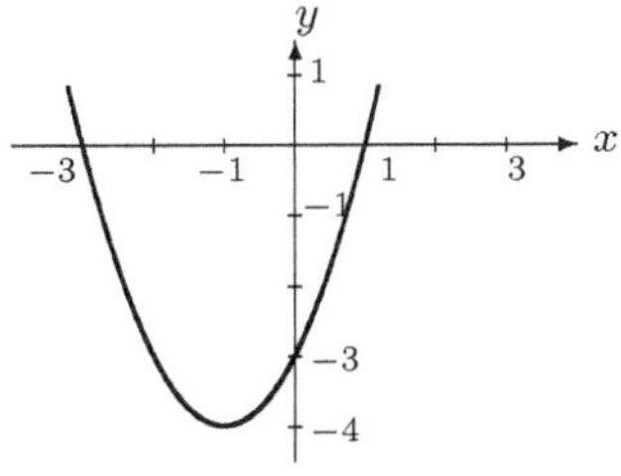

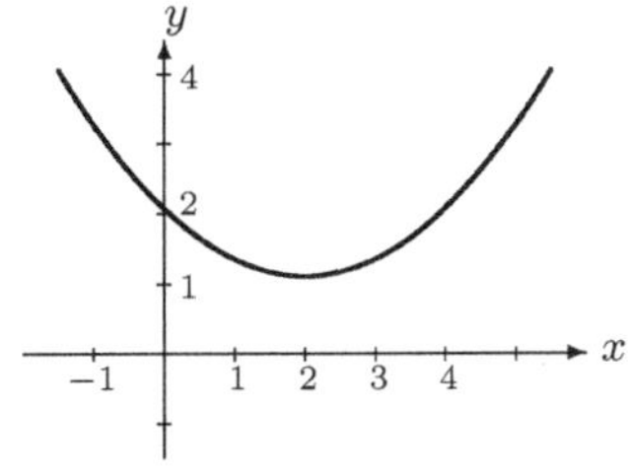

Mittels Funktionsgraphen ergibt sich eine weitere Möglichkeit zur Lösung quadratischer Ungleichungen, z.B. $x^2 + 2x \geq 3$. Man formt um zu $x^2 + 2x - 3 \geq 0$, skizziert den Graphen von $y = x^2 + 2x - 3$, und die Lösung der Ungleichung ist gegeben durch diejenigen $x \in \mathbb{R}$, für die der Graph der Funktion oberhalb (wegen $\geq$) der x-Achse verläuft (siehe Beispiel (3)). Es ist also $L = (-\infty\,, -3] \cup [2\,, \infty)$.

Eine weitere wichtige Funktion ist die **Betragsfunktion** $y = f(x) = |x|$, deren Graph nebenstehend skizziert ist.
Zur Wiederholung:

$$|x| = \begin{cases} x, & x \geq 0 \\ -x, & x < 0 \end{cases}$$

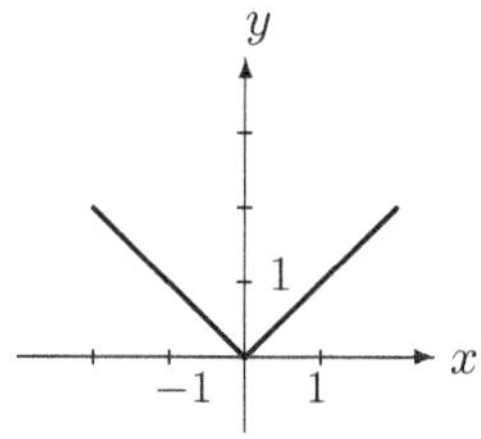

Einige weitere Beispiele für Graphen von Funktionen mit Beträgen:

(1) $y = \frac{1}{2}|x|$

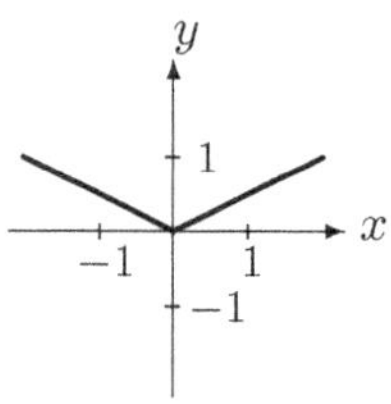

(2) $y = -\frac{1}{2}|x|$

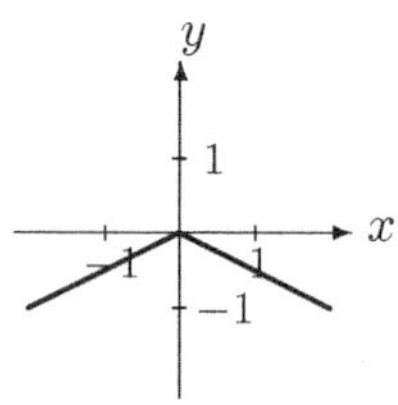

(3) $y = |x-2|$

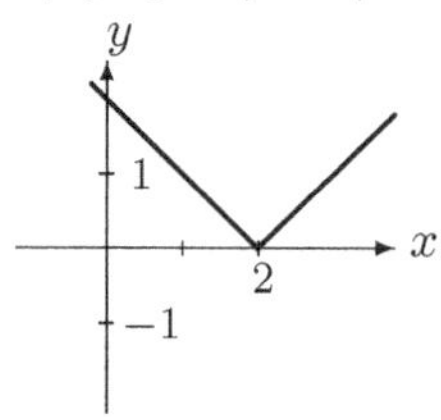

(4) $y = |x-2|-1$

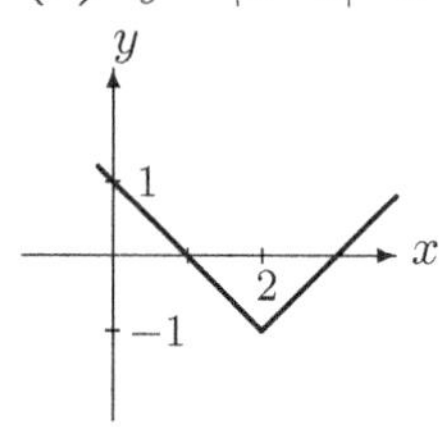

Veränderungen an Graphen

- Die Graphen von $y = f(x)$ und $y = -f(x)$ liegen spiegelbildlich zur x-Achse. (siehe (1), (2))
- Der Graph von $y = f(x) + a$ entsteht aus dem Graphen von $y = f(x)$ durch Verschiebung um a in Richtung der y-Achse, und zwar
  nach oben für $a > 0$,
  nach unten für $a < 0$.
  (siehe (3), (4))
- Ist der Graph einer Funktion $y = f(x)$ gegeben, so entsteht der Graph von $y = |f(x)|$ dadurch, dass die unterhalb der x-Achse liegenden Teile des Graphen von f an der x-Achse gespiegelt werden.
  (siehe nebenstehende Skizze)

Fortsetzung nächste Seite

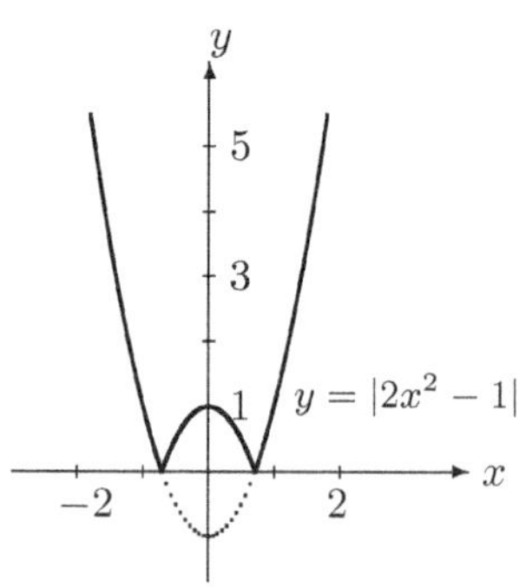

- Der Graph von $y = f(x-a)$ entsteht aus dem Graphen von $y = f(x)$ durch Verschiebung um a $\begin{array}{l}\text{nach rechts für } a > 0\\ \text{nach links für } a < 0\end{array}$.

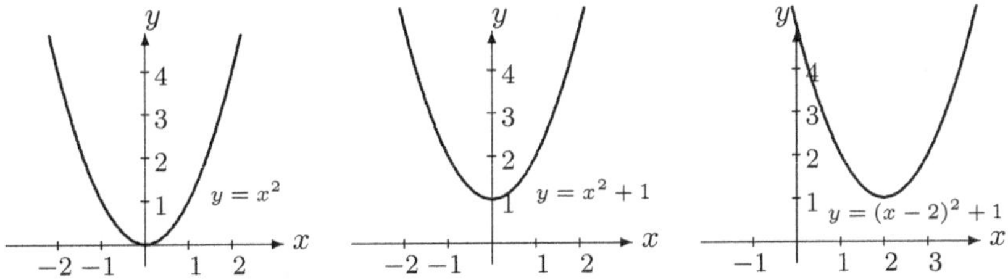

Es sind die Graphen von $y = x^2$, $y = x^2 + 1$ und $y = (x-2)^2 + 1$ skizziert. Die Normalparabel wird erst um eine Einheit nach oben und anschließend um zwei Einheiten nach rechts verschoben.

Eigenschaften von Funktionen

Es sei $f : D \longrightarrow \mathbb{R}$.

1. **Symmetrie**
   a) f heißt **gerade Funktion** $\Longleftrightarrow$ für alle $x \in D$ ist $f(x) = f(-x)$
   (Der Graph von f ist achsensymmetrisch zur y-Achse,
   und D liegt symmetrisch zum Nullpunkt.)
   b) f heißt **ungerade Funktion** $\Longleftrightarrow$ für alle $x \in D$ ist $f(x) = -f(-x)$
   (der Graph von f ist punktsymmetrisch zum Ursprung,
   und D liegt symmetrisch zum Nullpunkt.)
2. **Monotonie**
   a) f heißt **monoton steigend (wachsend)** $\Longleftrightarrow$
   Für alle $x_1, x_2 \in D$ gilt: $x_1 \leq x_2 \Longrightarrow f(x_1) \leq f(x_2)$
   b) f heißt **streng monoton steigend** $\Longleftrightarrow$
   Für alle $x_1, x_2 \in D$ gilt: $x_1 < x_2 \Longrightarrow f(x_1) < f(x_2)$
   c) f heißt **monoton fallend** $\Longleftrightarrow$
   Für alle $x_1, x_2 \in D$ gilt: $x_1 \leq x_2 \Longrightarrow f(x_1) \geq f(x_2)$
   d) f heißt **streng monoton fallend** $\Longleftrightarrow$
   Für alle $x_1, x_2 \in D$ gilt: $x_1 < x_2 \Longrightarrow f(x_1) > f(x_2)$
3. **Beschränktheit**
   a) f heißt **nach oben beschränkt** $\Longleftrightarrow$
   Es gibt eine reelle Zahl S, so dass $f(x) \leq S$ für alle $x \in D$ gilt.
   b) f heißt **nach unten beschränkt** $\Longleftrightarrow$
   Es gibt eine reelle Zahl S, so dass $f(x) \geq S$ für alle $x \in D$ gilt.
   c) f heißt **beschränkt** $\Longleftrightarrow$
   Es gibt eine reelle Zahl S, so dass $|f(x)| \leq S$ für alle $x \in D$ gilt.
4. **Periodische Funktion**
   f heißt periodisch (mit der Periode p) $\Longleftrightarrow$ $f(x) = f(x+p)$ f. a. $x \in D$.

Die im folgenden durch Graphen dargestellten Funktionen haben jeweils die angegebenen Eigenschaften:

f ungerade
f streng monoton steigend

f gerade.
f streng monoton fallend auf $(-\infty, 0)$ und streng monoton steigend auf $(0, \infty)$.
f nach unten beschränkt.

f gerade
f streng monoton steigend auf $[-1, 0]$ und streng monoton fallend auf $[0, 1]$.
f beschränkt (z.B. durch $S = 2$).
($S = 1$ ist die kleinste Schranke.)

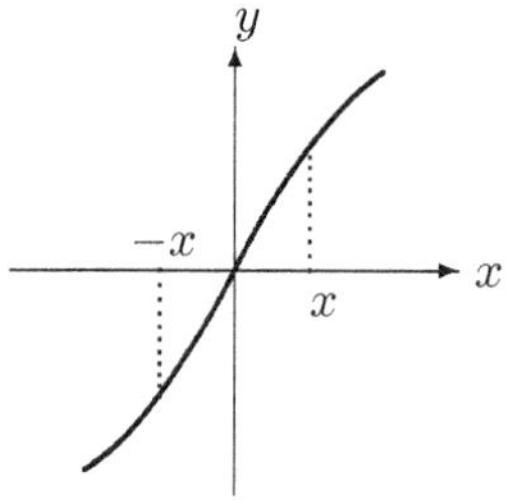

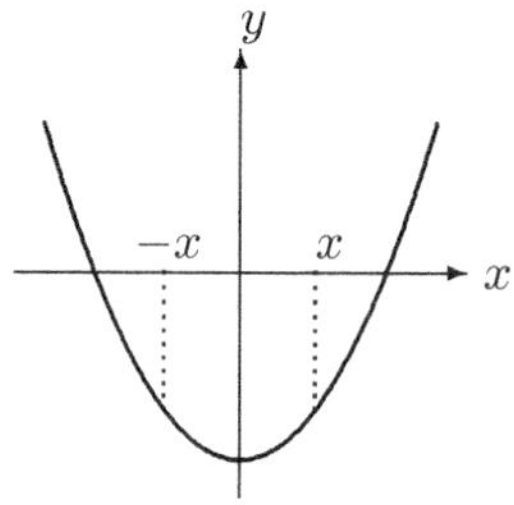

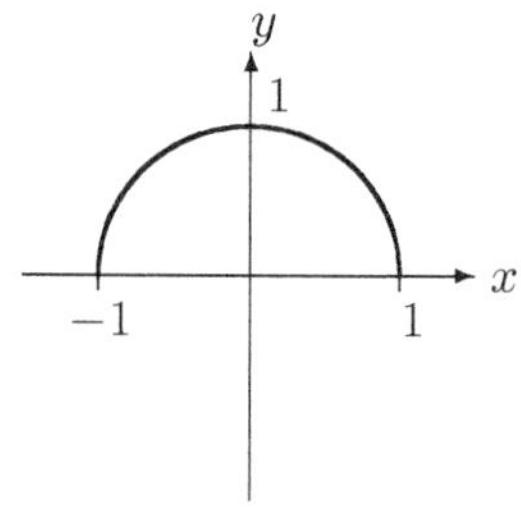

Zum Schluss dieses Abschnitts skizzieren wir noch die Graphen einer periodischen Funktion und der speziellen Funktion $f(x) = [x]$. (Dabei bedeutet $[x]$ die größte ganze Zahl, die kleiner oder gleich x ist, also z.B. $[\frac{7}{3}] = 2$.)

Graph von $f(x) = x$ für $-1 \leq x < 1$, periodisch fortgesetzt auf $\mathbb{R}$.
(f hat die Periode 2)

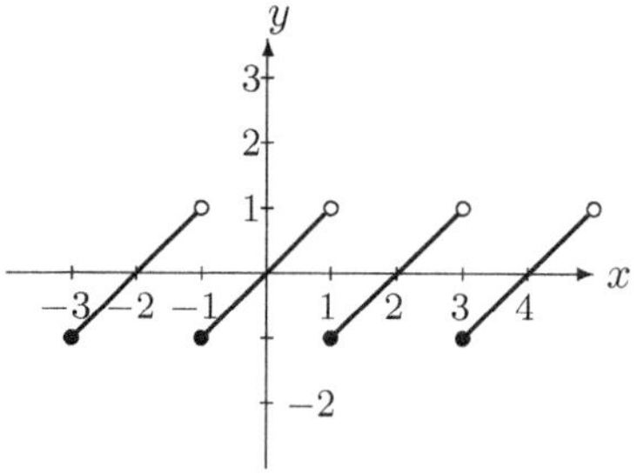

Graph von $f(x) = [x]$
(keine periodische Funktion!)

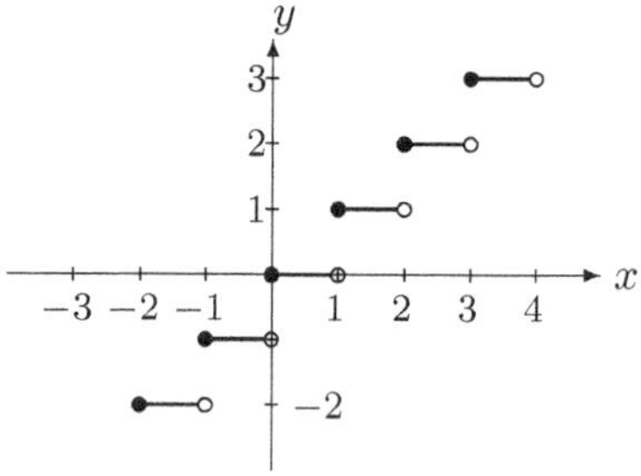

• bedeutet hierbei: Der Punkt gehört zum Graphen.
○ bedeutet hierbei: Der Punkt gehört nicht zum Graphen.
Diese abschließenden Beispiele sollen zeigen, dass Graphen von Funktionen auch aus einzelnen Stücken bestehen können, also "nicht zusammenhängend" sein müssen.

Kapitel 4

Reelle Funktionen

In diesem Kapitel sollen die wichtigsten Klassen von reellen Funktionen, also von Funktionen $f : D \longrightarrow \mathbb{R}$ mit $D \subseteq \mathbb{R}$ vorgestellt werden. Dazu knüpfen wir an Abschnitt 3.4 an, in dem schon lineare und quadratische Funktionen behandelt wurden.

4.1 Polynomfunktionen

Potenzfunktionen

Die Funktionen $f : \begin{cases} \mathbb{R} \longrightarrow \mathbb{R} \\ x \longmapsto x^n \quad (n \in \mathbb{N}) \end{cases}$ heißen Potenzfunktionen.

Es ist $f(D) = \begin{cases} \mathbb{R}_{\geq 0} & \text{für gerades } n \text{ (Graph ist achsensymmetrisch)} \\ \mathbb{R} & \text{für ungerades } n \text{ (Graph ist punktsymmetrisch)} \end{cases}$

Beispiele:

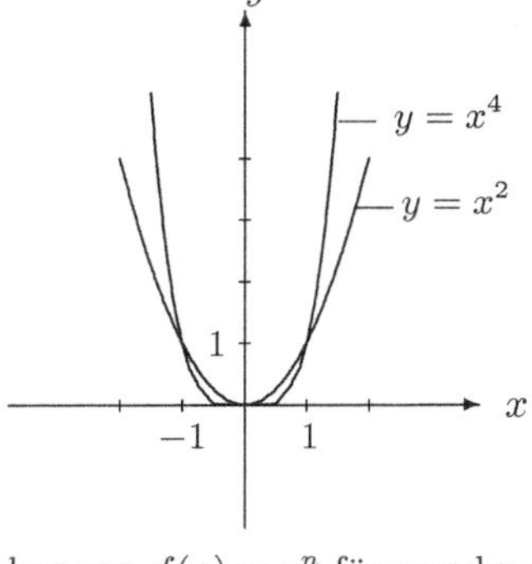

Graphen von $f(x) = x^n$ für gerades n
0 ist Nullstelle gerader Ordnung,
d.h. ohne Vorzeichenwechsel.

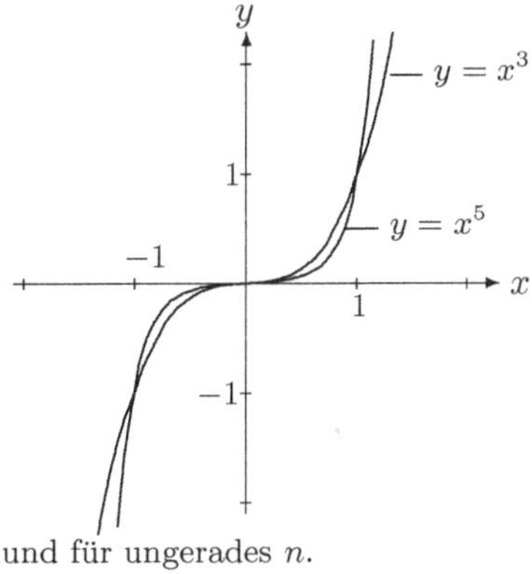

und für ungerades n.
0 ist Nullstelle ungerader Ordnung,
d.h. mit Vorzeichenwechsel.

Aus Termen der Art $a_n x^n$ setzen sich **Polynome** zusammen.

> **Polynome**
> Ein **Polynom** ist ein Term der Art
> $$a_n x^n + a_{n-1} x^{n-1} + \ldots + a_1 x + a_0 \quad (a_n, a_{n-1}, \ldots, a_1, a_0 \in \mathbb{R}) \,.$$
> Ist $a_n \neq 0$, so heißt n der **Grad des Polynoms**.

Beispiele:

3	ist ein Polynom vom Grad 0
$2x + 1$	ist ein Polynom vom Grad 1
$-x^2 + 5$	ist ein Polynom vom Grad 2
$x^3 + x^2 + x + 1$	ist ein Polynom vom Grad 3
$38x^{10} + x$	ist ein Polynom vom Grad 10

> **Polynomfunktionen**
> Ist $p(x)$ ein Polynom vom Grad n, so heißt die Funktion
> $f : \begin{cases} \mathbb{R} & \longrightarrow & \mathbb{R} \\ x & \longmapsto & p(x) \end{cases}$ eine **Polynomfunktion**, oder auch **ganze rationale Funktion** vom Grad n.
> Z.B. sind die quadratischen Funktionen die ganzen rationalen Funktionen vom Grad 2.

Über die Graphen solcher Polynomfunktionen sollte man wissen:

Der Graph einer Polynomfunktion (ganzen rationalen Funktion vom Grad n) ist eine Kurve, die links aus dem Unendlichen kommt und nach rechts ins Unendliche verläuft. Dazwischen hängt der Graph wesentlich vom Polynom, also insbesondere vom Grad n ab.

Das Randverhalten lässt sich aber sofort an n und a_n erkennen, und zwar gilt:

> Der Graph von $f(x) = a_n x^n + a_{n-1} x^{n-1} + \ldots + a_1 x + a_0$
> kommt von oben und verläuft nach unten, falls n ungerade und $a_n < 0$ ist.
> kommt von unten und verläuft nach oben, falls n ungerade und $a_n > 0$ ist.
> kommt von oben und verläuft nach oben, falls n gerade und $a_n > 0$ ist.
> kommt von unten und verläuft nach unten, falls n gerade und $a_n < 0$ ist.

Also:

$f(x) = -x^3 + 5x^2 + 1$	Der Graph kommt von oben und verläuft nach unten.
$f(x) = -x^4 + 10x^3$	Der Graph kommt von unten und verläuft nach unten.
$f(x) = x^{21} - 10^6 x^{20} + x^{18}$	Der Graph kommt von unten und verläuft nach oben.

Auf der nächsten Seite sind zwei Beispielgraphen skizziert.

Will man solche Graphen möglichst genau skizzieren, sind umfangreiche Rechnungen (mit Wertetabelle und Anwendung von Differentialrechnung) nötig. Am besten benutzt man dazu ein Programm.

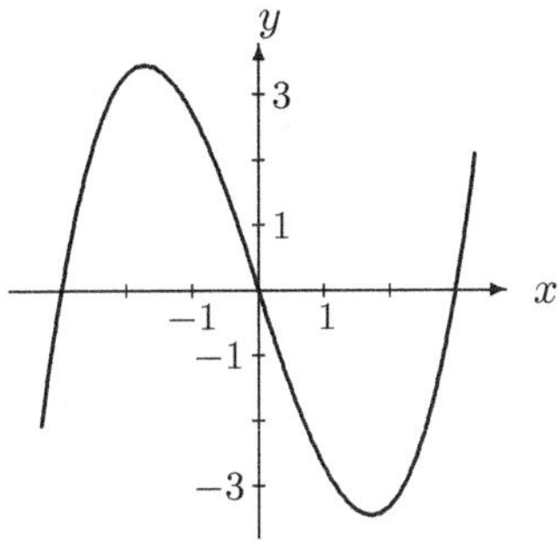

Graph von $f(x) = \frac{1}{3}x^3 - 3x$

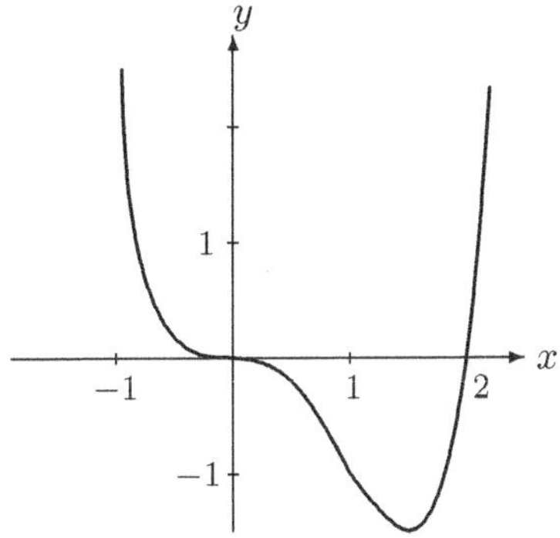

Graph von $f(x) = x^4 - 2x^3$

Für die Betrachtung ganzer rationaler Funktionen ohne zusätzliche Hilfsmittel sind einige Kenntnisse über Polynome nötig, die hier kurz zusammengestellt werden.

1. **Division von Polynomen** (Polynomdivision)
   Sind $p(x)$ und $q(x)$ zwei Polynome vom Grad n bzw. m mit $n \geq m$, so bildet man $p(x) : q(x)$ wie folgt:
   - **a)** Die höchste Potenz von x in $p(x)$ wird durch die höchste Potenz von x in $q(x)$ dividiert.
   - **b)** Wie bei der schriftlichen Division von Dezimalzahlen (siehe 1.1) wird multipliziert und subtrahiert.
   - **c)** Das Verfahren wird iteriert (fortgesetzt) bis nach der Subtraktion ein Polynom mit kleinerem Grad als der Divisor verbleibt. Dieses Polynom liefert den Rest.

   Beispiele:

$$
\begin{array}{rl}
(x^3 - 2x^2 + 3x - 2) & : (x-1) = x^2 - x + 2 \quad (x^3 \text{ wird durch } x \text{ geteilt}) \\
\underline{-(x^3 - x^2)} & \qquad (\text{dies ist } x^2 \text{ mit } x-1 \text{ multipliziert}) \\
-x^2 + 3x - 2 & \qquad (\text{obige Polynome wurden subtrahiert}) \\
\underline{-(-x^2 + x)} & \qquad (-x^2 : x = -x \text{ wurde mit } x-1 \text{ mult.}) \\
2x - 2 & \qquad (\text{usw.}) \\
\underline{2x - 2} & \\
0 &
\end{array}
$$

   Es ist also $\frac{x^3-2x^2+3x-2}{x-1} = x^2 - x + 2$ oder $(x^2-x+2)(x-1) = x^3-2x^2+3x-2$. Die Division geht ohne Rest auf. Man sagt dann: $x-1$ ist ein **Faktor des Polynoms** x^3-2x^2+3x-2.

Bei der Division $(x^4 + x^3 - 2x + 1) : (x^2 + 1)$ sollte man beim Aufschreiben darauf achten, dass beim Dividenden und in der Rechnung Lücken gelassen werden wo Potenzen von x nicht auftauchen, also:

$$\begin{array}{rrrrrl}
(x^4 + & x^3 & & -2x + & 1) & : (x^2 + 1) = x^2 + x - 1 + \frac{-3x+2}{x^2+1} \\
-(x^4 & & + x^2) & & & \\
\hline
& x^3 - & x^2 - & 2x + & 1 & \\
& -(x^3 & & + x) & & \\
\hline
& & - x^2 - & 3x + & 1 & \\
& & -(- x^2 & & - 1) & \\
\hline
& & & -3x + & 2 &
\end{array}$$

Hier bleibt ein Rest, es gilt: $\frac{x^4+x^3-2x+1}{x^2+1} = x^2 + x - 1 + \frac{-3x+2}{x^2+1}$

oder $\quad x^4 + x^3 - 2x + 1 = (x^2 + x - 1)(x^2 + 1) + (-3x + 2).$

2. Nullstellen von Polynomen

> **Nullstellen**
>
> Ist $p(x)$ ein Polynom und ist $p(x_0) = 0$ für eine reelle Zahl x_0, so heißt x_0 **Nullstelle** von p.
>
> x_0 Nullstelle von $p(x)$ $\iff$ $(x - x_0)$ teilt $p(x)$ ohne Rest
> $\iff$ $p(x) = (x - x_0)q(x)$
> (Abspalten eines Linearfaktors)
>
> Ist $p(x) = (x - x_0)^k q(x)$ mit $q(x_0) \neq 0$, so heißt x_0 k-fache Nullstelle von p (auch Nullstelle der Ordnung k von p).

Beispiele:

- $p(x) = x^2 - 3x - 4 = (x - 4)(x + 1)$
  4 und -1 sind (einfache) Nullstellen des Polynoms $x^2 - 3x - 4$ (siehe auch Abschnitt 2.2).
- $p(x) = x^4 + 5x^3 + 6x^2 = x^2(x^2 + 5x + 6) = x^2(x + 2)(x + 3)$
  0 ist 2-fache Nullstelle von p, -2 und -3 sind einfache Nullstellen.
- $p(x) = x^3 + 3x^2 + 3x + 1 = (x + 1)^3$ (binomische Formel)
  -1 ist 3-fache Nullstelle von p (Nullstelle ungerader Ordnung).
- $p(x) = x^3 - 5x^2 + 8x - 4$
  Zur Bestimmung der Nullstellen von p muss die Gleichung $p(x) = 0$ gelöst werden. Dazu sei auf **F+H** verwiesen. Hier hilft aber auch Raten weiter. Man erkennt leicht, dass $x = 1$ eine Nullstelle ist. p lässt sich daher durch den Linearfaktor $x - 1$ teilen. Polynomdivision liefert $x^3 - 5x^2 + 8x - 4 = (x - 1)(x^2 - 4x + 4) = (x - 1)(x - 2)^2$. Das quadratische Polynom $x^2 - 4x + 4$ erkennt man dabei als Binom, oder man zerlegt es gemäß Abschnitt 2.2.
  Also hat p die einfache Nullstelle 1 und die 2-fache Nullstelle 2.

4.2 Rationale Funktionen

Eine rationale Funktion $f : D \longrightarrow \mathbb{R}$ mit $D \subseteq \mathbb{R}$ ist gegeben durch $f(x) = \dfrac{p(x)}{q(x)}$, wobei $p(x)$ und $q(x)$ Polynome sind; genauer fordern wir:

Rationale Funktion

Eine rationale Funktion f ist gegeben durch $f(x) = \dfrac{p(x)}{q(x)}$, wobei $p(x)$ und $q(x)$ Polynome sind, die keinen gemeinsamen Faktor besitzen (sonst sind uninteressante Sonderfälle zu beachten) und $q(x) \neq 0$ gilt.

Es gilt stets: $$f(x) = \frac{p(x)}{q(x)} = a(x) + \frac{r(x)}{q(x)}$$
$a(x), r(x)$ Polynome, $\operatorname{Grad} r(x) < \operatorname{Grad} q(x)$

Ist $a(x) = 0$, so heißt f **echt gebrochene** rationale Funktion.
Ist $a(x)$ ein Polynom vom Grad≤ 1, so heißt der Graph von $y = a(x)$ eine **Asymptote** des Graphen von f. (In diesem Sinne sind Asymptoten also Geraden, die Graph einer Funktion sind.)

Für den Fall, dass $q(x)$ eine Konstante ungleich 0 ist (ein Polynom vom Grad 0), erhält man die ganzen rationalen Funktionen als Spezialfall der rationalen Funktionen.
Eine rationale Funktion muss nicht für alle $x \in \mathbb{R}$ definiert sein. Die Nullstellen des Nenners (also von $q(x)$) gehören nicht zum Definitionsbereich von f.

Beispiele:

(1) $f(x) = \frac{1}{x-1}$ $D = \mathbb{R} \setminus \{1\}$, , f ist echt gebrochen.

(2) $f(x) = \frac{2x}{x^2+1}$, $D = \mathbb{R}$, f ist echt gebrochen.

(3) $$f(x) = \frac{x^3}{x^2-x-2} = \frac{x^3}{(x+1)(x-2)} \quad \text{, also } D = \mathbb{R} \setminus \{-1, 2\}$$

$$\begin{array}{rl} = & (x^3 \qquad\qquad) : (x^2 - x - 2) = x + 1 + \frac{3x+2}{x^2-x-2} \\ & \underline{x^3 - x^2 - 2x} \\ & \quad x^2 + 2x \\ & \quad \underline{x^2 - \ x - 2} \\ & \qquad 3x + 2 \end{array}$$

Die durch $y = x + 1$ gegebene Gerade ist eine Asymptote von f. Der Graph von f ist unten skizziert.

(4) $f(x) = \frac{x^4+x^3}{x^2-2x+1} = \frac{x^4+x^3}{(x-1)^2}$ also $D = \mathbb{R} \setminus \{1\}$.

$$
\begin{array}{rl}
f(x) = & (x^4 + x^3 \qquad\qquad\qquad) : (x^2 - 2x + 1) = x^2 + 3x + 5 + \frac{7x-5}{x^2-2x+1} \\
& x^4 - 2x^3 + x^2 \\
\hline
& \quad 3x^3 - x^2 \\
& \quad 3x^3 - 6x^2 + 3x \\
\hline
& \qquad 5x^2 - 3x \\
& \qquad 5x^2 - 10x + 5 \\
\hline
& \qquad\qquad 7x - 5
\end{array}
$$

Hier ist $a(x) = x^2 + 3x + 5$.

Ist $f(x) = \dfrac{p(x)}{q(x)}$ eine rationale Funktion, so heißen die Nullstellen von $q(x)$ **Pole** von f. (Beachte: $p(x)$ und $q(x)$ haben keine gemeinsamen Faktoren!) Im Beispiel (1) hat f den Pol 1, im Beispiel (3) hat f die Pole -1 und 2. Die Graphen von rationalen Funktionen können sehr vielfältig aussehen. Wir geben nur einige typische Beispiele an und müssen dazu zunächst klären, wie sich der Graph einer rationalen Funktion in der Nähe eines Pols verhält. Dazu unterscheiden wir:

Pole bei rationalen Funktionen

Ist $f(x) = \frac{p(x)}{q(x)}$ eine rationale Funktion, ist a eine k-fache Nullstelle von q, also $f(x) = \frac{p(x)}{(x-a)^k s(x)}$, wobei $s(a) \neq 0$ und $p(a) \neq 0$ ist, so definiert man:
a heißt **Pol ungerader Ordnung** (Pol mit Vorzeichenwechsel), falls k ungerade. (Pol mit VZW)
a heißt **Pol gerader Ordnung** (Pol ohne Vorzeichenwechsel), falls k gerade.

Als Beispiele skizzieren wir zunächst die Graphen von $y = \frac{1}{x}$, $y = \frac{1}{x^2}$, $y = \frac{1}{x+1}$ und $y = \frac{1}{(x-2)^2}$.
Dazu benutzen wir kleine Wertetabellen in geeigneten Bereichen.

x	1	2	3	$\frac{1}{2}$	$\frac{1}{3}$
$y = \frac{1}{x}$	1	$\frac{1}{2}$	$\frac{1}{3}$	2	3
$y = \frac{1}{x^2}$	1	$\frac{1}{4}$	$\frac{1}{9}$	4	9

x	0	1	2	$-\frac{1}{2}$
$y = \frac{1}{x+1}$	1	$\frac{1}{2}$	$\frac{1}{3}$	2

x	3	4	$\frac{5}{2}$
$y = \frac{1}{(x-2)^2}$	1	$\frac{1}{4}$	4

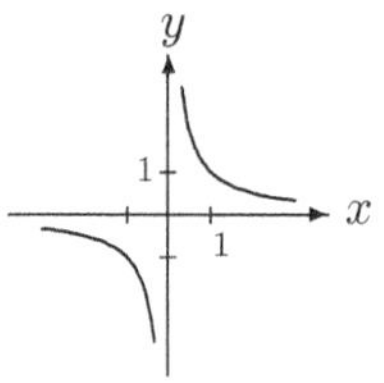

$f(x) = \frac{1}{x}$
$D = \mathbb{R} \setminus \{0\}$
0 ist Pol mit VZW ungerader Ordnung

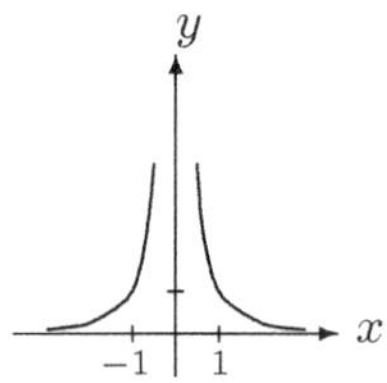

$f(x) = \frac{1}{x^2}$
$D = \mathbb{R} \setminus \{0\}$
0 ist Pol ohne VZW gerader Ordnung

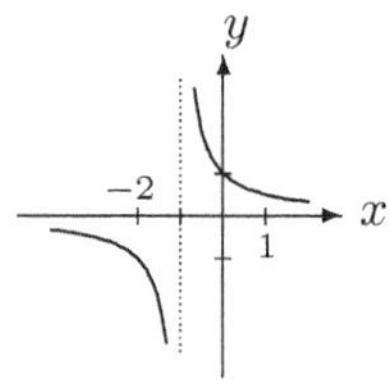

$f(x) = \frac{1}{x+1}$
$D = \mathbb{R} \setminus \{-1\}$
-1 ist Pol mit VZW ungerader Ordnung

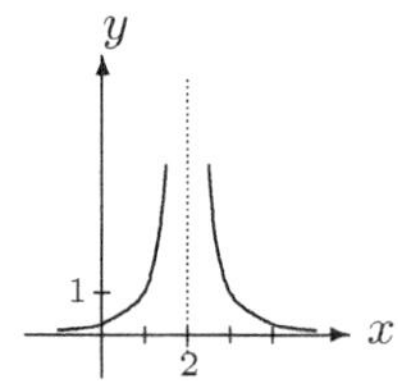

$f(x) = \frac{1}{(x-2)^2}$
$D = \mathbb{R} \setminus \{2\}$
2 ist Pol o. VZW gerader Ordnung

Die folgenden Überlegungen sind typische Überlegungen im Zusammenhang mit der Skizzierung von Funktionsgraphen und sollten genau nachvollzogen werden, um sich damit vertraut zu machen.
Ist a ein Pol ungerader Ordnung von f, so nähert sich der Graph von f der durch $x = a$ gegebenen Geraden bei Annäherung von links bzw. rechts an a in unterschiedlicher Richtung; bei einem Pol gerader Ordnung dagegen in gleicher Richtung (siehe obige Graphen - die Bilder sind typisch). Daher rührt auch die Bezeichnung Pol mit bzw. ohne Vorzeichenwechsel.
Die obigen Graphen sind auch Beispiele für Graphen, bei denen die x-Achse Asymptote ist. Dies ist bei allen echt gebrochen rationalen Funktionen der Fall, da bei ihnen $a(x) = 0$ gilt.
Gilt allgemein $f(x) = a(x) + \frac{r(x)}{q(x)}$, so verhält sich der Graph von f für betragsmäßig große x wie der Graph von $a(x)$, denn der echt gebrochene Term $\frac{r(x)}{q(x)}$ wird für betragsmäßig große x betragsmäßig klein, da der Grad von $q(x)$ größer als der Grad von $r(x)$ ist (als Beispiel: $\frac{x^2+1}{x^3}$ liefert z.B. für $x = 100$ ungefähr 0.01, für $x = -100$ ungefähr -0.01, also betragsmäßig sehr kleine Werte; „x^3 wird betragsmäßig schneller groß als x^2").

Wir behandeln noch einige Beispiele rationaler Funktionen, mit dem Ziel, ihre Graphen zu skizzieren.

- $f(x) = \dfrac{2x+1}{x+1} = 2 - \dfrac{1}{x+1}$

Nullstelle : $2x + 1 = 0 \iff x = -\frac{1}{2}$
Pol : -1 (Pol ungerader Ordnung)
Asymptote: $a(x) = 2$

Der Graph von f entsteht aus dem Graphen von $g(x) = -\frac{1}{x+1}$ durch Verschiebung um 2 Einheiten in Richtung der positiven x–Achse. Das Aussehen des Graphen von $-g(x)$ entnimmt man der Skizze der vorigen Seite; der Graph von $g(x)$ entsteht dann durch Spiegelung an der x-Achse.

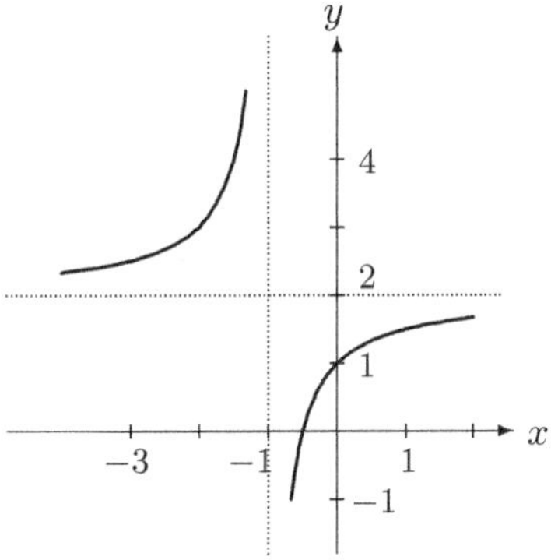

- $f(x) = \dfrac{2x}{x^2+1}$

Wegen $f(-x) = -f(x)$ ist der Graph von f punktsymmetrisch zum Ursprung.
Die x-Achse ist die Asymptote.

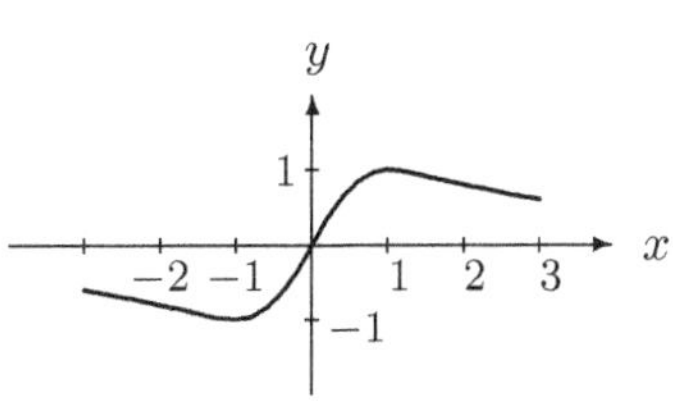

Wertetabelle:

x	$\frac{1}{2}$	1	2	3	4
$f(x)$	$\frac{4}{5}$	1	$\frac{4}{5}$	$\frac{3}{5}$	$\frac{8}{17}$

- $f(x) = \frac{1}{x^2-1} = \frac{1}{(x-1)(x+1)}$

$D = \mathbb{R} \setminus \{1, -1\}$
f besitzt keine Nullstellen.
1 und -1 sind Pole ungerader Ordnung.
f ist eine gerade Funktion, der Graph ist also achsensymmetrisch zur y-Achse.
Es ist $f(x) \begin{cases} < 0 \text{ für } |x| < 1 \\ > 0 \text{ für } |x| > 1 \end{cases}$, also verläuft der Graph für $-1 < x < 1$ unterhalb und sonst oberhalb der x-Achse.

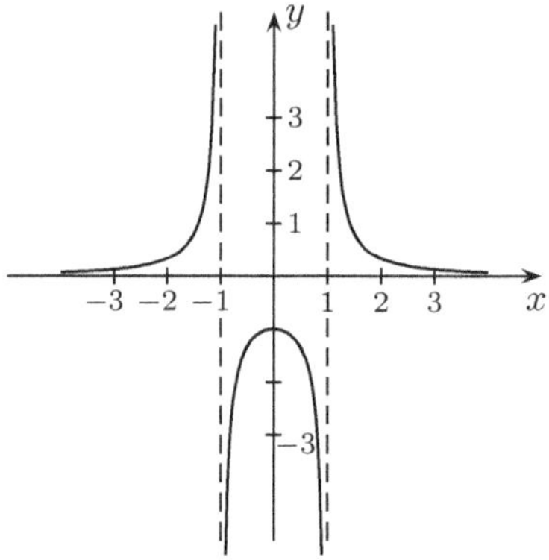

- siehe Beispiel (3) von oben.

$$\begin{aligned} f(x) &= \frac{x^3}{x^2-x-2} \\ &= \frac{x^3}{(x+1)(x-2)} \\ &= x+1+\frac{3x+2}{(x+1)(x-2)} \end{aligned}$$

$D = \mathbb{R} \setminus \{-1, 2\}$
0 ist eine 3-fache Nullstelle von f - eine Nullstelle mit Vorzeichenwechsel.
-1 und 2 sind Pole ungerader Ordnung (mit VZW).
Asymptote: $a(x) = x + 1$
Eine Untersuchung des Vorzeichenverhaltens von f wie im vorigen Beispiel kann zur Skizzierung des Graphen hilfreich sein. Dazu kann man eine Tabelle anlegen (siehe Abschnitt 2.3).

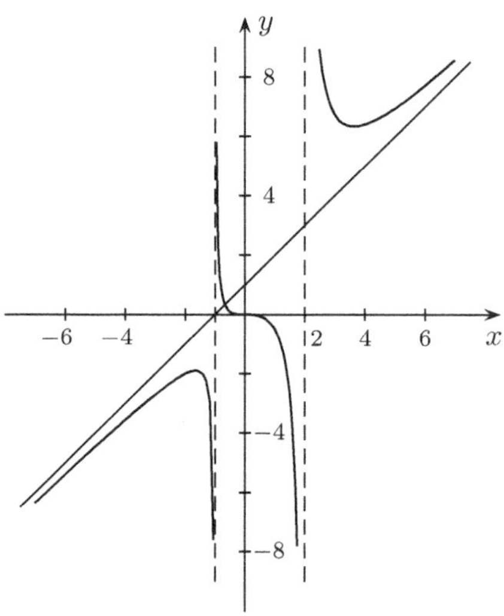

	$-\infty$ … -1	-1 … 0	0 … 2	2 … ∞
x^3	−	−	+	+
$x+1$	−	+	+	+
$x-2$	−	−	−	+
$f(x)$	−	+	−	+

Die Tabelle zeigt, dass der Graph von f für $-\infty < x < -1$ und für $0 < x < 2$ unterhalb der $x-$Achse verläuft, und sonst oberhalb der x-Achse. Das Vorzeichen von $f(x)$ ergibt sich natürlich auch schon aus dem Vorzeichen z.B. im Bereich $(2, \infty)$ und den Ordnungen der Nullstelle und der Pole.

Als Zusammenfassung dieses Abschnitts soll an einem Beispiel erläutert werden, wie man bei vielen rationalen Funktionen schnell einen Überblick über einen ungefähren Verlauf des Graphen bekommen kann.

Dazu wählen wir ein Beispiel mit

- einer Nullstelle ungerader Ordnung (mit VZW)
- einer Nullstelle gerader Ordnung (ohne VZW)
- einem Pol ungerader Ordnung (mit VZW)
- einem Pol gerader Ordnung (ohne VZW).

Nach den Ausführungen dieses Abschnitts leistet das z.B. die Funktion f mit

$$\boxed{f(x) = 20\frac{(x+2)(x-1)^2}{(x+1)^2(x-3)^3}},$$

bei der (von rechts nach links sortiert)

- 3 Pol mit VZW
- −1 Pol ohne VZW
- 1 Nullstelle ohne VZW
- −2 Nullstelle mit VZW

ist, wie man an den Exponenten der entsprechenden Linearfaktoren erkennt. Die x-Achse ist Asymptote, da f echt gebrochen ist (Grad des Zählerpolynoms $= 3$; Grad des Nennerpolynoms $= 5$).
Für $x > 3$ gilt $f(x) > 0$, wie man sofort sieht. Damit ist klar:

Bei 3 (Pol mit VZW) wechselt f das Vorzeichen, der Graph verläuft links davon zunächst unterhalb der x-Achse. Links der Nullstelle 1 bleibt er unterhalb der x-Achse, da 1 Nullstelle ohne VZW ist. Auch beim Überschreiten der Polstelle -1 bleibt er zunächst unterhalb der x-Achse, da -1 Pol ohne VZW ist. Schließlich verläuft er links von -2 (Nullstelle mit VZW) oberhalb der x-Achse. Da die x-Achse Asymptote ist, muss sich der Graph nach einem "Hochpunkt" wieder der x-Achse nähern. So erhält man den nebenstehenden Graphen.

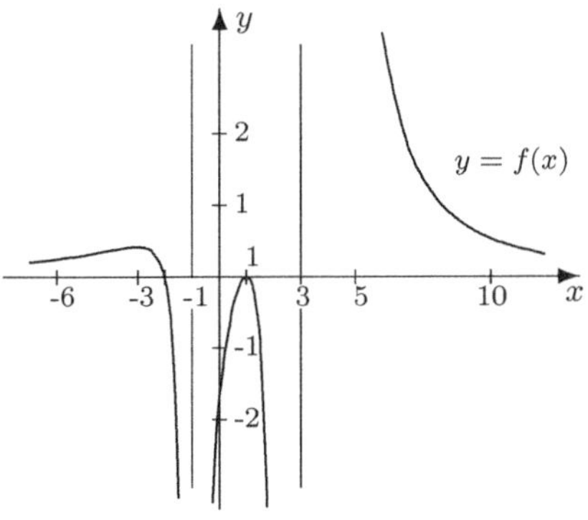

Will man rechnerisch lokale besondere Punkte wie den angesprochenen Hochpunkt bestimmen, so ist die Anwendung von Differentialrechnung nötig, siehe Kapitel 5.

4.3 Verkettung von Funktionen, Umkehrfunktionen

Sind $f : A \longrightarrow B$ und $g : B \longrightarrow C$ zwei Funktionen, so ist jedem $x \in A$ ein Element $f(x) \in B$ zugeordnet, auf das wiederum g angewendet werden kann. Man erhält $g(f(x)) \in C$. Jedem $x \in A$ wird also mittels $g(f(x))$ ein Element aus C zugeordnet, d.h. man erhält eine Funktion von A in C, die man mit $g \circ f$ bezeichnet.

Verkettung von Funktionen

Sei $f : A \longrightarrow B$, $g : B \longrightarrow C$. Dann ist $g \circ f$ (lies: g Kuller f) definiert durch

$$g \circ f : \begin{cases} A & \longrightarrow & C \\ x & \longmapsto & g(f(x)) \end{cases} \qquad \text{(erst } f\text{, dann } g \text{ anwenden).}$$

$g \circ f$ heißt **Verkettung**.

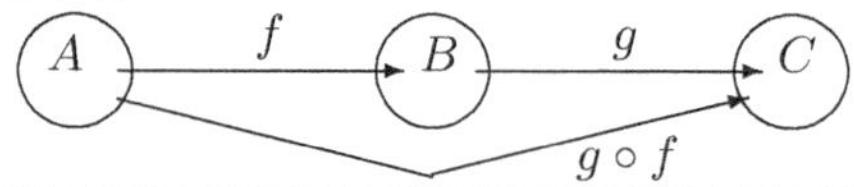

Beispiele:

- $f(x) = 2x + 3 \qquad g(x) = 5x$
  $(f \circ g)(x) = f(g(x)) = f(5x) = 2(5x) + 3 = 10x + 3$
  $(g \circ f)(x) = g(f(x)) = g(2x + 3) = 5(2x + 3) = 10x + 15$
  Es ist also $f \circ g$ eine andere Funktion als $g \circ f$. "$\circ$ ist nicht kommutativ."
- $f(x) = x^2 \qquad g(x) = 2x + 1$
  $(f \circ g)(x) = f(g(x)) = f(2x + 1) = (2x + 1)^2$
  $(g \circ f)(x) = g(f(x)) = g(x^2) = 2x^2 + 1$
- $f(x) = \frac{1}{x+1} \qquad g(x) = \frac{1}{x} - 1$
  $(f \circ g)(x) = f(g(x)) = f(\frac{1}{x} - 1) = \frac{1}{\frac{1}{x} - 1 + 1} = x$
  $(g \circ f)(x) = g(f(x)) = g(\frac{1}{x+1}) = \frac{1}{\frac{1}{x+1}} - 1 = x + 1 - 1 = x$

Das letzte Beispiel schauen wir uns etwas näher an. Man könnte aufgrund der Rechnung vermuten, dass hier $f \circ g = g \circ f$ gilt. Aber es ist

$D(f) = \mathbb{R} \setminus \{-1\}$, Bildbereich von f ist $\mathbb{R} \setminus \{0\}$
$D(g) = \mathbb{R} \setminus \{0\}$, Bildbereich von g ist $\mathbb{R} \setminus \{-1\}$, da $\frac{1}{x}$ nie 0 wird!

Also gilt:

$$f \circ g : \begin{cases} \mathbb{R} \setminus \{0\} & \longrightarrow & \mathbb{R} \setminus \{0\} \\ x & \longmapsto & x \end{cases} \quad \text{und} \quad g \circ f : \begin{cases} \mathbb{R} \setminus \{-1\} & \longrightarrow & \mathbb{R} \setminus \{-1\} \\ x & \longmapsto & x \end{cases},$$

und das sind unterschiedliche Funktionen (siehe 2.4).

Man sagt : $f \circ g$ ist die Identität auf $\mathbb{R} \setminus \{0\}$
: $g \circ f$ ist die Identität auf $\mathbb{R} \setminus \{-1\}$
geschrieben : $f \circ g = \mathrm{id}_{\mathbb{R}\setminus\{0\}}$ $\quad g \circ f = \mathrm{id}_{\mathbb{R}\setminus\{-1\}}$

Solch ein Funktionenpaar nennt man **Funktion** und **Umkehrfunktion**.
g heißt Umkehrfunktion zu f; man schreibt $g = f^{-1}$. Natürlich ist auch f Umkehrfunktion zu g, also $f = g^{-1}$. (Nicht verwechseln mit der Schreibweise $g^{-1} = \frac{1}{g}$!)
Eine Umkehrfunktion zu f existiert nur unter gewissen Voraussetzungen.

Umkehrfunktion

Es sei $f : A \longrightarrow B$ eine streng monotone Funktion mit $D(f) = A$ und Bildbereich $f(A) = B$.
Dann gibt es die Umkehrfunktion $f^{-1} : B \longrightarrow A$, die gegeben ist durch:

$$f \circ f^{-1} = \mathrm{id}_B \qquad \text{und} \qquad f^{-1} \circ f = \mathrm{id}_A$$

Beim Übergang von f zu f^{-1} wird der Bildbereich von f zum Definitionsbereich von f^{-1}. Aus der Funktionsgleichung $y = f(x)$ wird die Funktionsgleichung $f^{-1}(y) = x$. Vertauscht man hierin die Variablen und schreibt $f^{-1}(x) = y$, so bedeutet diese Vertauschung in der (x, y)-Ebene eine Spiegelung an der durch $y = x$ gegebenen Winkelhalbierenden. Die Graphen von f und f^{-1} liegen also symmetrisch zur Geraden mit der Gleichung $y = x$.

Funktion und Umkehrfunktion

Ist $f : A \longrightarrow B$ umkehrbar, so erhält man die Umkehrfunktion f^{-1} wie folgt:

1. $y = f(x)$ löse man nach x auf.
   $x = f^{-1}(y)$
2. Vertausche x und y: $\quad y = f^{-1}(x)$

Der Graph von f^{-1} entsteht wegen der Vertauschung von x und y aus dem Graphen von f durch Spiegelung an der durch $y = x$ gegebenen Winkelhalbierenden.

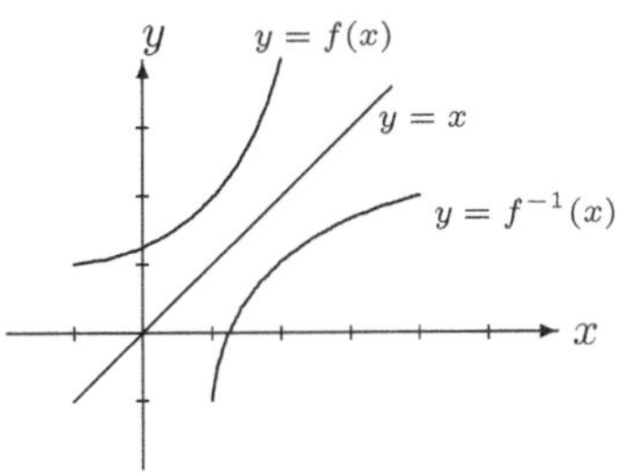

Beispiele:

- $f(x) = y = 2x + 1$

Berechnung der Umkehrfunktion:
$y = 2x + 1$ nach x auflösen:
$x = \frac{1}{2}(y - 1) = \frac{1}{2}y - \frac{1}{2}$
x und y vertauschen:
$f^{-1}(x) = y = \frac{1}{2}x - \frac{1}{2}$

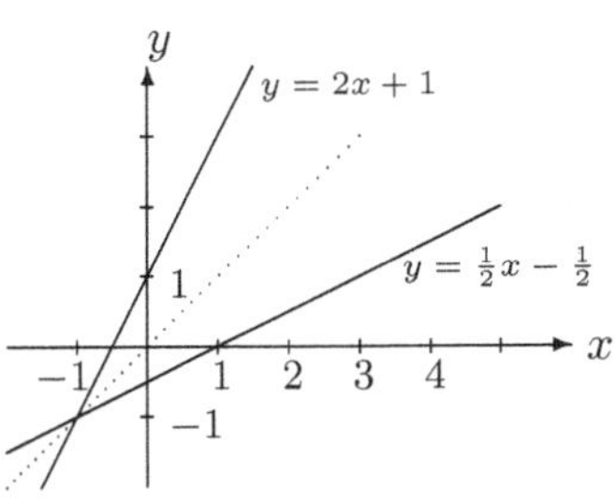

- $f(x) = y = \frac{1}{x}$

Berechnung der Umkehrfunktion: $y = \frac{1}{x}$ nach x auflösen: $x = \frac{1}{y}$
x und y vertauschen: $f^{-1}(x) = y = \frac{1}{x}$.
f hat also sich selbst als Umkehrfunktion (denn zweimalige Kehrwertbildung liefert wieder den Ausgangsterm; der Graph von $f(x) = \frac{1}{x}$ ist symmetrisch zur Geraden mit der Gleichung $y = x$, siehe 4.2).

Das nächste Beispiel soll die Probleme verdeutlichen, die beim Begriff Umkehrfunktion auftauchen und sollte genau durchgearbeitet werden.

- $f(x) = y = x^2$

Diese Funktion besitzt keine Umkehrfunktion, da f nicht streng monoton wachsend ist. f ist aber in gewissen Bereichen streng monoton und kann dort umgekehrt werden, nämlich:

a) $f : \begin{cases} \mathbb{R}_{\geq 0} & \longrightarrow & \mathbb{R}_{\geq 0} \\ x & \longmapsto & x^2 \end{cases}$
besitzt die Umkehrfunktion
$f^{-1} : \begin{cases} \mathbb{R}_{\geq 0} & \longrightarrow & \mathbb{R}_{\geq 0} \\ x & \longmapsto & \sqrt{x} \end{cases}$
denn:
$y = x^2$ nach x auflösen: $x = \pm\sqrt{y}$,
Variablen vertauschen: $y = \pm\sqrt{x}$.
Hier gilt $f^{-1}(x) = y = +\sqrt{x}$, da $\mathbb{R}_{\geq 0}$ der Bildbereich von f^{-1} ist.

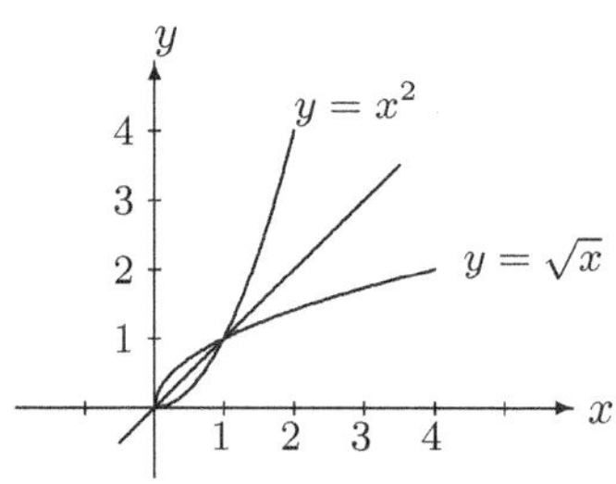

Wir rechnen noch $f \circ f^{-1} = \mathrm{id}_{\mathbb{R}_{\geq 0}}$ und $f^{-1} \circ f = \mathrm{id}_{\mathbb{R}_{\geq 0}}$ nach:
$(f \circ f^{-1})(x) = f(f^{-1}(x)) = f(\sqrt{x}) = (\sqrt{x})^2 = x$ für alle $x \geq 0$.
$(f^{-1} \circ f)(x) = f^{-1}(f(x)) = f^{-1}(x^2) = \sqrt{x^2} = |x| = x$ für alle $x \geq 0$.

b) $f : \begin{cases} \mathbb{R}_{\leq 0} & \longrightarrow & \mathbb{R}_{\geq 0} \\ x & \longmapsto & x^2 \end{cases}$
besitzt die Umkehrfunktion
$f^{-1} : \begin{cases} \mathbb{R}_{\geq 0} & \longrightarrow & \mathbb{R}_{\leq 0} \\ x & \longmapsto & -\sqrt{x} \end{cases}$
denn:
$y = x^2$ nach x auflösen: $x = \pm\sqrt{y}$,
Variablen vertauschen: $y = \pm\sqrt{x}$.
Hier gilt $f^{-1}(x) = y = -\sqrt{x}$, da $\mathbb{R}_{\leq 0}$ der Bildbereich von f^{-1} ist.

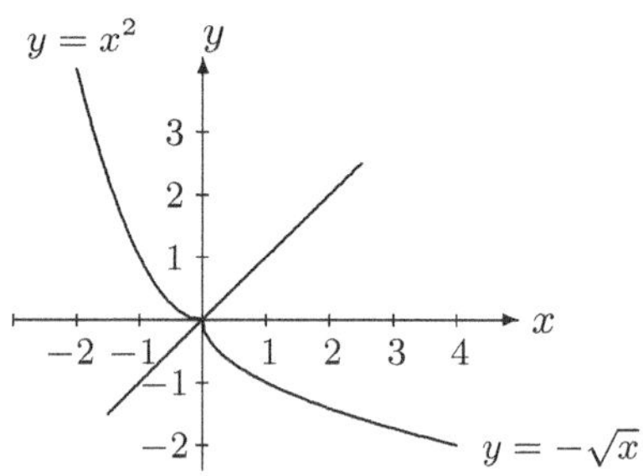

$f \circ f^{-1} = \mathrm{id}_{\mathbb{R}_{\geq 0}}$ und $f^{-1} \circ f = \mathrm{id}_{\mathbb{R}_{\leq 0}}$ ergeben sich wie folgt:
$(f \circ f^{-1})(x) = f(f^{-1}(x)) = f(-\sqrt{x}) = (-\sqrt{x})^2 = x$ für alle $x \geq 0$.
$(f^{-1} \circ f)(x) = f^{-1}(f(x)) = f^{-1}(x^2) = -\sqrt{x^2} = -|x| = -(-x) = x$ für alle $x \leq 0$, denn $|x| = -x$ für $x \leq 0$ (siehe Abschnitt 2.4).

4.4 Exponentialfunkionen

Exponentialfunktionen f sind solche Funktionen, bei denen im Funktionsterm $f(x)$ die Variable x im Exponenten auftritt. Die einfachsten Exponentialfunktionen (die wir hier nur betrachten) sind also:

Exponentialfunktionen

Für $a \in \mathbb{R}$, $a > 0$, $a \neq 1$ heißt $f : \begin{cases} \mathbb{R} & \longrightarrow & \mathbb{R}_{>0} \\ x & \longmapsto & a^x \end{cases}$ **Exponentialfunktion.**

Beispiel: $f(x) = y = 2^x$
Die Potenzrechnung (Abschnitt 1.5) zeigt, dass $f(x)$ stets größer als 0 ist. Zur Skizzierung des Graphen kann man eine kleine Wertetabelle benutzen.

x	-2	-1	$-\frac{1}{2}$	0	1	2
2^x	$\frac{1}{4}$	$\frac{1}{2}$	$\frac{1}{2}\sqrt{2}$	1	2	4

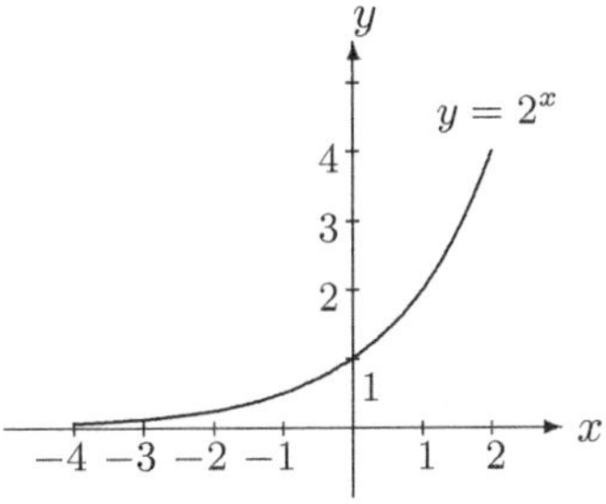

Man erkennt leicht: $f(x) = 2^x$ ist **streng monoton wachsend**. Für x gegen $-\infty$ werden die Funktionswerte fast 0, erreichen 0 aber nie (die x-Achse ist Asymptote). Für x gegen ∞ werden die Funktionswerte schnell sehr groß. Der Graph schneidet die y-Achse bei 1, da $2^0 = 1$ gilt. Ein Problem ergibt sich aber für irrationale x. Was ist z.B. $2^{\sqrt{2}}$? Das wurde im Abschnitt über Potenzrechnung nicht erklärt. Ein Taschenrechner liefert den Wert $2^{\sqrt{2}} \approx 2{,}665144$. Eine genaue Definition solcher Potenzen wird in der "Höheren Mathematik" gegeben. Wir begnügen uns mit dem Hinweis, dass man Potenzen a^x für alle reellen x definieren kann und berechnen sie gegebenenfalls mit Hilfe eines Taschenrechners.

Die Graphen von Exponentialfunktionen $f(x) = a^x$ sehen alle ähnlich aus. Man muss lediglich die Fälle $0 < a < 1$ und $a > 1$ unterscheiden, wie die nebenstehende Skizze von $f(x) = 2^x$ und $g(x) = (\frac{1}{2})^x$ zeigt. Wegen $(\frac{1}{2})^x = 2^{-x}$ erkennt man, dass der Graph von $y = (\frac{1}{2})^x = 2^{-x}$ aus dem Graphen von $y = 2^x$ durch Spiegelung an der y-Achse entsteht (Übergang von x zu $-x$).

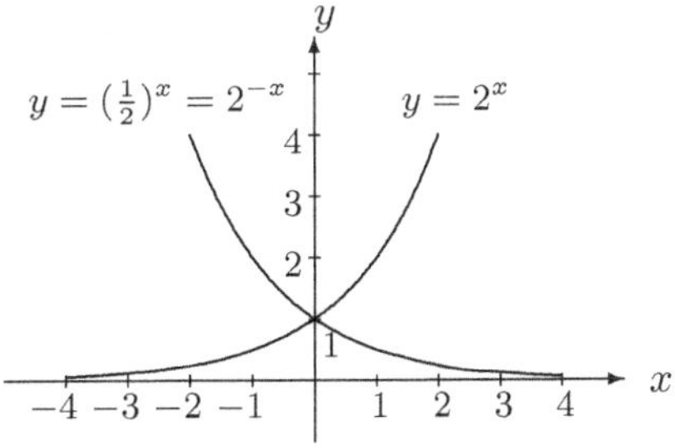

Eigenschaften von Exponentialfunktionen $f(x) = a^x$

Vorausgesetzt wird wieder $a > 0$ und $a \neq 1$.

Es ist stets $D(f) = \mathbb{R}$ und $\mathbb{R}_{>0}$ ist der Bildbereich.
Alle Graphen gehen durch den Punkt $(0, 1)$ auf der y-Achse.
Für $a > 1$ sind die Exponentialfunktionen streng monoton wachsend.
Sie wachsen stärker als jede (noch so große) Potenz x^k $(k \in \mathbb{N})$.
Für $0 < a < 1$ sind die Exponentialfunktionen streng monoton fallend.
Aus der strengen Monotonie folgt: $a^{x_1} = a^{x_2} \iff x_1 = x_2$.

Eine besondere Rolle bei den Exponentialfunktionen spielt die Funktion, bei der die Basis die EULERsche Zahl e$= 2,71828\ldots$ (siehe Abschnitt 1.5) ist, also $f(x) = \mathrm{e}^x$. Sie wird häufig als **die** Exponentialfunktion bezeichnet und spielt bei Wachstums- bzw. Zerfallsprozessen eine wichtige Rolle.
Da $y = \mathrm{e}^x$ streng monoton wachsend ist, besitzt die Exponentialfunktion eine Umkehrfunktion (siehe Abschnitt 4.3). Wegen $\mathrm{e}^{\ln x} = x$ für alle $x > 0$ und $\ln \mathrm{e}^x = x$ für alle $x \in \mathbb{R}$ (siehe Abschnitt 1.5), ist die Umkehrfunktion der Exponentialfunktion also die Funktion $y = \ln x$, die als **natürliche Logarithmusfunktion** bezeichnet wird.

Merke:
Funktion und Umkehrfunktion

$f(x) = \mathrm{e}^x \quad ; \quad f : \mathbb{R} \longrightarrow \mathbb{R}_{>0}$
besitzt die Umkehrfunktion
$g(x) = \ln x \quad ; \quad g : \mathbb{R}_{>0} \longrightarrow \mathbb{R}$
denn:
$(f \circ g)(x) = f(g(x)) = \mathrm{e}^{\ln x} = x$
f.a. $x \in \mathbb{R}_{>0}$, d.h. $f \circ g = \mathrm{id}_{\mathbb{R}_{>0}}$
und
$(g \circ f)(x) = g(f(x)) = \ln \mathrm{e}^x = x$
f.a. $x \in \mathbb{R}$, d.h. $g \circ f = \mathrm{id}_{\mathbb{R}}$.

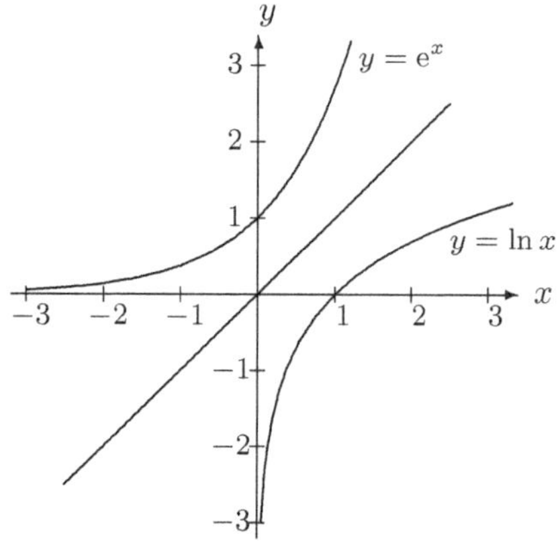

Als Umkehrfunktion von $f(x) = 2^x$ erhält man nach dem Verfahren aus 2.3:
Variablen vertauschen: $x = 2^y$
Nach y auflösen: $y = \log_2 x = \frac{\ln x}{\ln 2} = \frac{1}{\ln 2} \ln x \approx 1.44 \ln x$
Umkehrfunktion von $f(x) = 2^x$ ist also $g(x) = \frac{1}{\ln 2} \ln x$.
Man erkennt, dass allgemein gilt:
Umkehrfunktion der Exponentialfunkion $f(x) = a^x$ ist die Logarithmusfunktion $g(x) = \log_a x$. Diese ist nach der Formel $\log_a x = \frac{\ln x}{\ln a}$ ein Vielfaches der natürlichen Logarithmusfunktion, die somit Prototyp aller Logarithmusfunktionen $y = \log_a x$ ist.
Entsprechend ist wegen $a^x = \mathrm{e}^{x \ln a}$ die Exponentialfunktion $y = \mathrm{e}^x$ Prototyp aller Exponentialfunktionen $y = a^x$.

4.5 Trigonometrische Funktionen

Um trigonometrische Funktionen (anderer Name: Winkelfunktionen) definieren zu können, muß zunächst etwas über **Winkelmessung** gesagt werden.
Übliche Winkelmessungen werden im **Gradmaß** (DEG) oder im **Bogenmaß** (RAD) vorgenommen.
Beim Gradmaß beträgt ein Vollwinkel 360° und wird entsprechend unterteilt. Beim Bogenmaß mißt man einen Winkel mit einer reellen Zahl, und zwar durch die Länge des zugehörigen Bogens am Einheitskreis. Da für den Umfang U eines Kreises $U = 2\pi r$ gilt, ergibt sich für den Einheitskreis als Umfang 2π, und dies ist das Bogenmaß für einen Vollwinkel.

Zusammenhang: Gradmaß – Bogenmaß (Radiant)

Zwischen dem

- Winkel α in Grad und der
- Länge b des zugehörigen Kreisbogens am Einheitskreis

besteht folgender Zusammenhang:

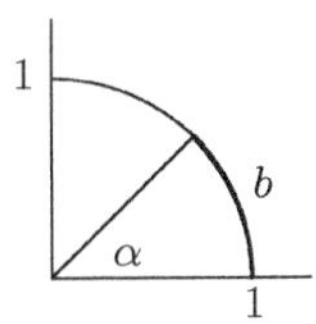

$$\alpha = \frac{180}{\pi} b \qquad b = \frac{\pi}{180} \alpha$$

$$1\,\text{rad} = \frac{180°}{\pi} \approx 57,3° \qquad 1° = \frac{\pi}{180}\,\text{rad} \approx 0,017\,\text{rad}$$

Beispiel:

$$30° = \frac{\pi}{180} \cdot 30\,\text{rad} = \frac{\pi}{6}\,\text{rad} \quad , \quad \frac{\pi}{2}\,\text{rad} = \frac{180°}{\pi} \cdot \frac{\pi}{2} = 90°$$

Wichtige Tabelle:

$\alpha°$	0°	30°	45°	60°	90°	120°	135°	150°	180°	210°	225°	240°	270°	300°	315°	330°	360°
b rad	0	$\frac{\pi}{6}$	$\frac{\pi}{4}$	$\frac{\pi}{3}$	$\frac{\pi}{2}$	$\frac{2}{3}\pi$	$\frac{3}{4}\pi$	$\frac{5}{6}\pi$	π	$\frac{7}{6}\pi$	$\frac{5}{4}\pi$	$\frac{4}{3}\pi$	$\frac{3}{2}\pi$	$\frac{5}{3}\pi$	$\frac{7}{4}\pi$	$\frac{11}{6}\pi$	2π

Die trigonometrischen Funktionen Sinus, Kosinus, Tangens und Kotangens werden zunächst für Winkel α mit $0° < \alpha° < 90°$ am rechtwinkligen Dreieck eingeführt, und zwar als

$$\sin\alpha = \frac{a}{c} = \frac{\text{Gegenkathete}}{\text{Hypotenuse}}$$

$$\cos\alpha = \frac{b}{c} = \frac{\text{Ankathete}}{\text{Hypotenuse}}$$

$$\tan\alpha = \frac{a}{b} = \frac{\text{Gegenkathete}}{\text{Ankathete}} = \frac{\sin\alpha}{\cos\alpha}$$

$$\cot\alpha = \frac{b}{a} = \frac{\text{Ankathete}}{\text{Gegenkathete}} = \frac{\cos\alpha}{\sin\alpha}$$

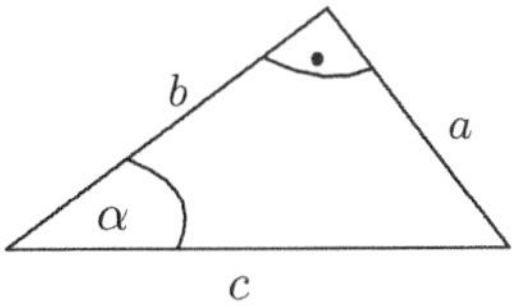

Lässt man noch die Grenzfälle 0° und 90° zu, so erhält man die folgende Tabelle mit speziellen Werten der trigonometrischen Funktionen, die sich alle durch elementargeometrische Überlegungen - meist mit Hilfe des Satzes von PYTHAGORAS - herleiten lassen.

Wichtige Tabelle

α in Grad	0°	30°	45°	60°	90°
α in Bogenmaß	0	$\frac{\pi}{6}$	$\frac{\pi}{4}$	$\frac{\pi}{3}$	$\frac{\pi}{2}$
$\sin\alpha$	0	$\frac{1}{2}$	$\frac{1}{2}\sqrt{2}$	$\frac{1}{2}\sqrt{3}$	1
Merkregel für $\sin\alpha$	$\frac{1}{2}\sqrt{\mathbf{0}}$	$\frac{1}{2}\sqrt{\mathbf{1}}$	$\frac{1}{2}\sqrt{\mathbf{2}}$	$\frac{1}{2}\sqrt{\mathbf{3}}$	$\frac{1}{2}\sqrt{\mathbf{4}}$
$\cos\alpha$	1	$\frac{1}{2}\sqrt{3}$	$\frac{1}{2}\sqrt{2}$	$\frac{1}{2}$	0
$\tan\alpha$	0	$\frac{1}{3}\sqrt{3}$	1	$\sqrt{3}$	–
$\cot\alpha$	–	$\sqrt{3}$	1	$\frac{1}{3}\sqrt{3}$	0

Beispiel: Berechnung von $\sin 30°$ und $\sin 60°$:

In nebenstehender Skizze erkennt man, dass das gezeichnete Dreieck mit $\alpha = 30°$ die Hälfte eines gleichseitigen Dreiecks ist. Also ist die Länge der Gegenkathete gerade $\frac{a}{2}$, und damit ist

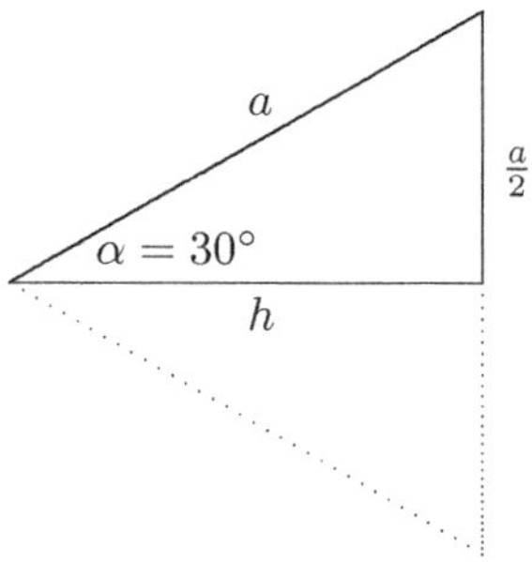

$$\sin 30° = \frac{\frac{a}{2}}{a} = \frac{1}{2}.$$

Ferner ist $\sin 60° = \frac{h}{a}$, wobei h die Höhe im gleichseitigen Dreieck ist, für die nach den Satz des PYTHAGORAS gilt:

$$h^2 + (\frac{a}{2})^2 = a^2 \implies h^2 = \frac{3}{4}a^2 \text{ also } h = \frac{1}{2}\sqrt{3}\,a\,.$$

Damit folgt $\sin 60° = \frac{h}{a} = \frac{1}{2}\sqrt{3}$.
Gleichzeitig erkennt man: $\cos 30° = \frac{1}{2}\sqrt{3}$ und $\cos 60° = \frac{1}{2}$.

Zur Erweiterung der trigonometrischen Funktionen zu reellen Funktionen wird der Einheitskreis betrachtet und ein beliebiger Punkt $P = (x, y)$ auf dem Einheitskreis. Der Winkel α zwischen der positiven x-Achse und der Geraden durch $(0, 0)$ und P wird im Bogenmaß b gemessen, und zwar wie folgt:

$b \geq 0$: Von $(1, 0)$ aus durchläuft man den Einheitskreis bis P in mathematisch positiver Richtung (gegen den Uhrzeigersinn).

$b \leq 0$: Von $(1,0)$ aus durchläuft man den Einheitskreis bis P in mathematisch negativer Richtung (im Uhrzeigersinn).

Man definiert:

$$\sin\alpha = y$$
$$\cos\alpha = x$$
$$\tan\alpha = \frac{\sin\alpha}{\cos\alpha} = \frac{y}{x}$$
$$\cot\alpha = \frac{\cos\alpha}{\sin\alpha} = \frac{x}{y}$$

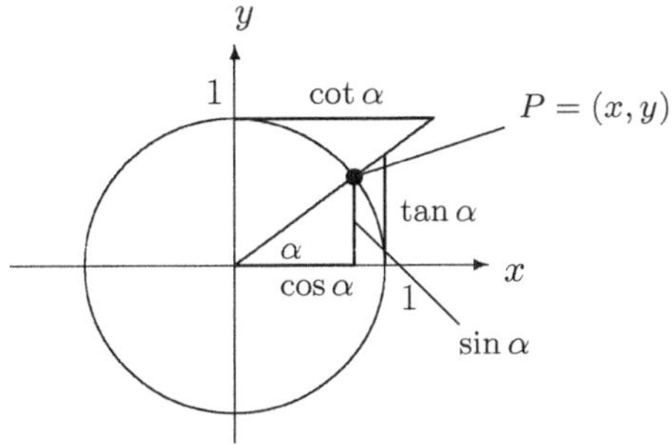

An der Skizze erkennt man, dass diese Definitionen der trigonometrischen Funktionen für $0 \leq \alpha \leq \frac{\pi}{2}$ mit den obigen Definitionen für Sinus, Kosinus, Tangens und Kotangens übereinstimmen.

Beispiele: für Funktionswerte

$\sin\pi = 0$ (Punkt P_1)

$\cos\pi = -1$ (Punkt P_1)

$\sin(-\frac{\pi}{4}) = -\frac{1}{2}\sqrt{2}$ (Punkt P_2 und Tabelle S. 82)

$\cos(-\frac{\pi}{4}) = \frac{1}{2}\sqrt{2}$ (Punkt P_2 und Tabelle S. 82)

$\sin(\frac{7}{3}\pi) = \sin\frac{\pi}{3} = \frac{1}{2}\sqrt{3}$ (Punkt P_3 und Tabelle S. 82)

$\cos(\frac{7}{3}\pi) = \cos\frac{\pi}{3} = \frac{1}{2}$ (Punkt P_3 und Tabelle S. 82)

$\sin(\frac{7}{4}\pi) = \sin(-\frac{\pi}{4}) = -\frac{1}{2}\sqrt{2}$ (Punkt P_2 und Tabelle S. 82)

$\cos(\frac{7}{4}\pi) = \cos(-\frac{\pi}{4}) = \frac{1}{2}\sqrt{2}$ (Punkt P_2 und Tabelle S. 82)

$\sin(\frac{11}{2}\pi) = \sin(\frac{3}{2}\pi) = -1$ (Punkt P_4)

$\cos(\frac{11}{2}\pi) = \cos(\frac{3}{2}\pi) = 0$ (Punkt P_4)

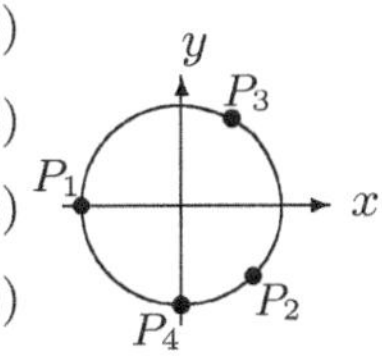

Unter Benutzung von $\tan\alpha = \frac{\sin\alpha}{\cos\alpha}$ und $\cot\alpha = \frac{\cos\alpha}{\sin\alpha}$ ergibt sich z.B.:

$$\tan\pi = 0 \quad , \quad \cot(\tfrac{7}{3}\pi) = \tfrac{1}{3}\sqrt{3} \quad , \quad \tan(\tfrac{7}{4}\pi) = -1.$$

Durch die obigen Definitionen erhält man die folgenden Funktionen:

$$\sin : \left\{ \begin{array}{lcl} \mathbb{R} & \longrightarrow & [-1,1] \\ x & \longmapsto & \sin x \end{array} \right. \qquad \cos : \left\{ \begin{array}{lcl} \mathbb{R} & \longrightarrow & [-1,1] \\ x & \longmapsto & \cos x \end{array} \right.$$

$$\tan : \left\{ \begin{array}{lcl} D_1 & \longrightarrow & \mathbb{R} \\ x & \longmapsto & \tan x \end{array} \right. \qquad \cot : \left\{ \begin{array}{lcl} D_2 & \longrightarrow & \mathbb{R} \\ x & \longmapsto & \cot x \end{array} \right.$$

Dabei ist $D_1 = \{x \,|\, x \neq \frac{\pi}{2} + k\pi\,,\, k \in \mathbb{Z}\}$ und $D_2 = \{x \,|\, x \neq k\pi\,,\, k \in \mathbb{Z}\}$, d.h. $\tan x$ ist für $x \in \{\frac{\pi}{2} + k\pi \,|\, k \in \mathbb{Z}\}$ und $\cot x$ ist für $x \in \{k\pi \,|\, k \in \mathbb{Z}\}$ nicht definiert.

Aus der Definition der trigonometrischen Funktionen folgt direkt:

Wichtige Eigenschaften der trigonometrischen Funktionen

Die trigonometrischen Funktionen sind **periodisch**.

$\sin x$ und $\cos x$ haben die Periode 2π: $\begin{cases} \sin(x+2\pi)=\sin x \\ \cos(x+2\pi)=\cos x \end{cases}$ f.a. $x \in \mathbb{R}$

$\tan x$ und $\cot x$ haben die Periode π: $\begin{cases} \tan(x+\pi)=\tan x & \text{f.a. } x \in D_1 \\ \cot(x+\pi)=\cot x & \text{f.a. } x \in D_2 \end{cases}$

$\cos x$ ist eine **gerade** Funktion, also $\cos x = \cos(-x)$ für alle $x \in \mathbb{R}$.
$\sin x$ und $\tan x$ sind **ungerade** Funktionen, also $\sin x = -\sin(-x)$ für alle $x \in \mathbb{R}$ und $\tan x = -\tan(-x)$ für alle $x \in D_1$.

Ebenfalls aus der Definition am Einheitskreis ergeben sich die Graphen der trig. Funktionen. Für die Werte auf der x-Achse werden dabei Vielfache von π gewählt, da wichtige Punkte der Graphen solche Abszissen besitzen.

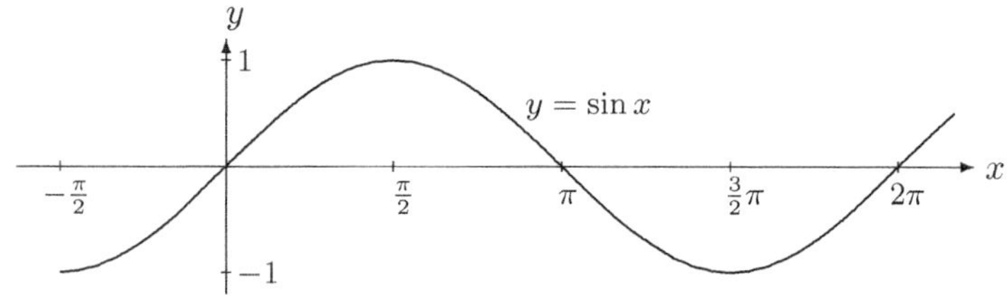

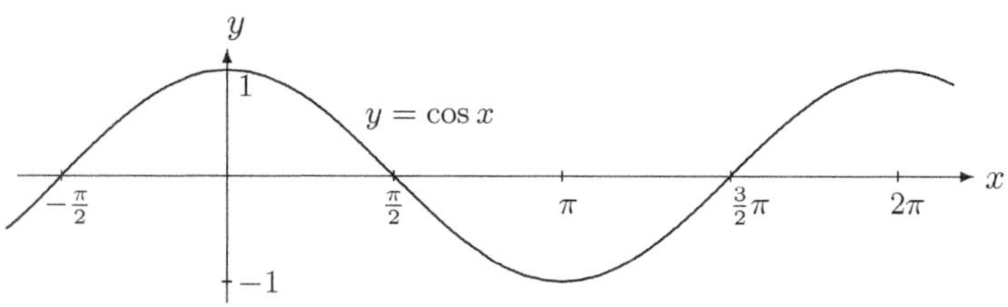

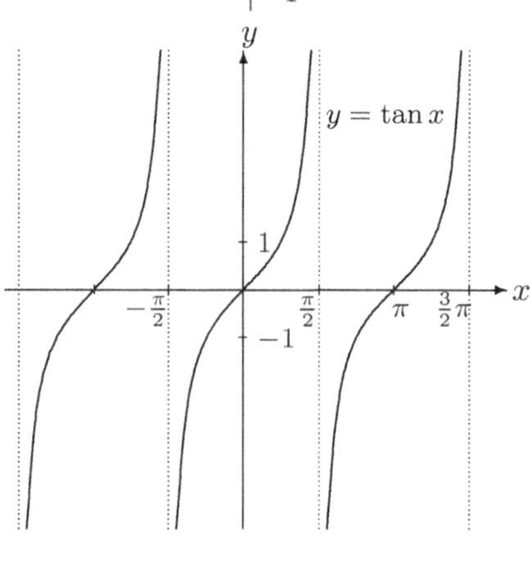

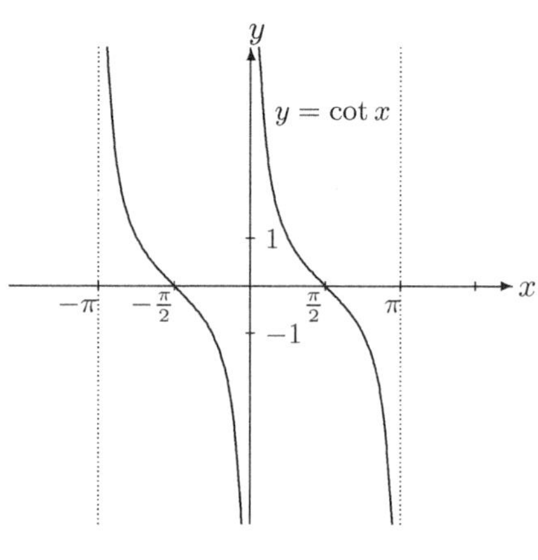

Für die trigonometrischen Funktionen gelten viele Formeln; dazu schaue man gegebenenfalls in eine Formelsammlung, z.B. **F+H**. Viele der Formeln sind direkt an den skizzierten Graphen zu erkennen, z.B.:

- Die Kosinuskurve ist eine um $\frac{\pi}{2}$ nach links verschobene Sinuskurve, d.h. $\sin(x + \frac{\pi}{2}) = \cos x$.
- Durchläuft man die Sinuskurve beginnend bei $x = \pi$ nach links, so durchläuft man genau die Sinuskurve, d.h. $\sin(\pi - x) = \sin x$.
- Die Kotangenskurve ist die um $\frac{\pi}{2}$ nach rechts verschobene negative Tangenskurve, d.h. $\cot x = -\tan(x - \frac{\pi}{2})$.
- Durchläuft man die Tangenskurve beginnend bei $x = \frac{\pi}{2}$ nach links, so durchläuft man genau die Kotangenskurve, d.h. $\tan(\frac{\pi}{2} - x) = \cot x$.

Die Graphen zeigen auch, dass alle Funktionswerte der trigonometrischen Funktionen (unter Benutzung von an den Graphen erkennbaren Symmetrien - also unter Benutzung von Formeln) aus den Funktionswerten im Bereich $0 \leq x \leq \frac{\pi}{2}$ berechenbar sind, die in der Tabelle auf Seite 82 stehen.
Als Beispiel listen wir die folgende Tabelle auf:

Wichtige Werte der Kreisfunktionen

	$0°$	$30°$	$45°$	$60°$	$90°$	$120°$	$135°$	$150°$	$180°$	$210°$	$225°$	$240°$	$270°$	$300°$	$315°$	$330°$	$360°$
	0	$\frac{\pi}{6}$	$\frac{\pi}{4}$	$\frac{\pi}{3}$	$\frac{\pi}{2}$	$\frac{2}{3}\pi$	$\frac{3}{4}\pi$	$\frac{5}{6}\pi$	π	$\frac{7}{6}\pi$	$\frac{5}{4}\pi$	$\frac{4}{3}\pi$	$\frac{3}{2}\pi$	$\frac{5}{3}\pi$	$\frac{7}{4}\pi$	$\frac{11}{6}\pi$	2π
$\sin x$	0	$\frac{1}{2}$	$\frac{\sqrt{2}}{2}$	$\frac{\sqrt{3}}{2}$	1	$\frac{\sqrt{3}}{2}$	$\frac{\sqrt{2}}{2}$	$\frac{1}{2}$	0	$-\frac{1}{2}$	$-\frac{\sqrt{2}}{2}$	$-\frac{\sqrt{3}}{2}$	-1	$-\frac{\sqrt{3}}{2}$	$-\frac{\sqrt{2}}{2}$	$-\frac{1}{2}$	0
$\cos x$	1	$\frac{\sqrt{3}}{2}$	$\frac{\sqrt{2}}{2}$	$\frac{1}{2}$	0	$-\frac{1}{2}$	$-\frac{\sqrt{2}}{2}$	$-\frac{\sqrt{3}}{2}$	-1	$-\frac{\sqrt{3}}{2}$	$-\frac{\sqrt{2}}{2}$	$-\frac{1}{2}$	0	$\frac{1}{2}$	$\frac{\sqrt{2}}{2}$	$\frac{\sqrt{3}}{2}$	1
$\tan x$	0	$\frac{\sqrt{3}}{3}$	1	$\sqrt{3}$	$-$	$-\sqrt{3}$	-1	$-\frac{\sqrt{3}}{3}$	0	$\frac{\sqrt{3}}{3}$	1	$\sqrt{3}$	$-$	$-\sqrt{3}$	-1	$-\frac{\sqrt{3}}{3}$	0
$\cot x$	$-$	$\sqrt{3}$	1	$\frac{\sqrt{3}}{3}$	0	$-\frac{\sqrt{3}}{3}$	-1	$-\sqrt{3}$	$-$	$\sqrt{3}$	1	$\frac{\sqrt{3}}{3}$	0	$-\frac{\sqrt{3}}{3}$	-1	$-\sqrt{3}$	$-$

Die wichtigsten trigonometrischen Formeln

$$\boxed{\sin^2 x + \cos^2 x = 1}$$

Additionstheoreme:

$$\sin(x \pm y) = \sin x \cos y \pm \cos x \sin y$$
$$\cos(x \pm y) = \cos x \cos y \mp \sin x \sin y$$

speziell:

$$\sin 2x = 2 \sin x \cos x$$
$$\cos 2x = \cos^2 x - \sin^2 x$$

und:

$$\sin^2 x = \tfrac{1}{2}(1 - \cos 2x)$$
$$\cos^2 x = \tfrac{1}{2}(1 + \cos 2x)$$

- Man skizziere den Graphen von $y = f(x) = 1.5\sin(2x - \frac{\pi}{4})$.

  Die Funktion hat die Form $y = f(x) = A\sin(\omega x - \varphi)$ mit $A = 1.5$, $\omega = 2$ und $\varphi = \frac{\pi}{4}$, (harmonische Schwingung, siehe **HM**).
  Der Graph geht aus der Sinusfunktion hervor, indem 3 Operationen durchgeführt werden.

  1. Übergang von $f(x) = \sin x$ zu $f(x) = 1.5\sin x$.

  Dies ist eine Streckung des Graphen von f mit dem Faktor 1.5 in y-Richtung.

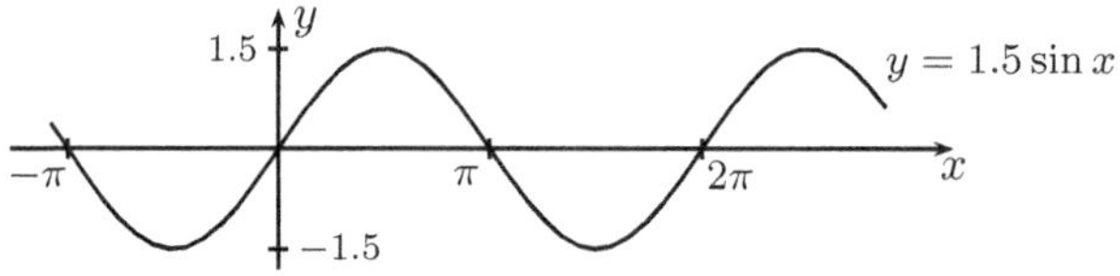

  2. Übergang von $f(x) = \sin x$ zu $f(x) = \sin 2x$.

  Dies ist eine Streckung des Graphen von f mit dem Faktor $\frac{1}{2}$ in x-Richtung. (Kann auch als Stauchung angesehen werden.)

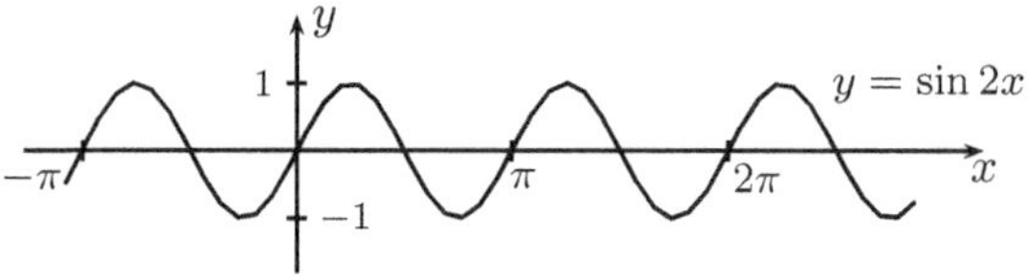

  3. Übergang von $f(x) = \sin 2x$ zu
  $f(x) = \sin(2x - \frac{\pi}{4}) = \sin 2(x - \frac{\pi}{8})$.

  Dies ist eine Verschiebung des Graphen von f um $\frac{\pi}{8}$ nach rechts.

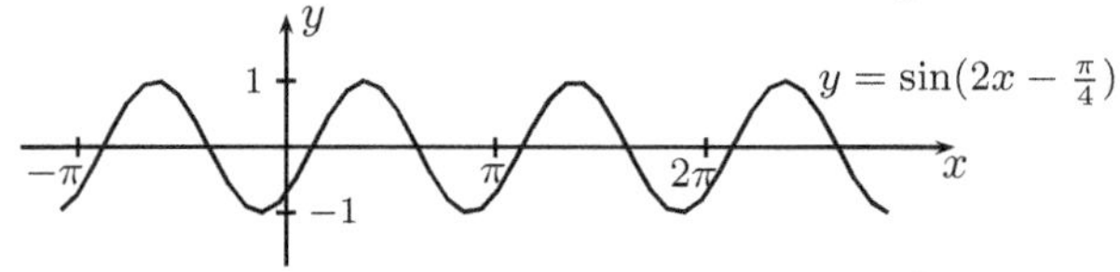

  (Der Punkt $(0, 0)$ von $f(x) = \sin 2x$ liegt jetzt bei $(\frac{\pi}{8}, 0)$.)

  Skizze des Graphen von $y = f(x) = 1.5\sin(2x - \frac{\pi}{4})$:

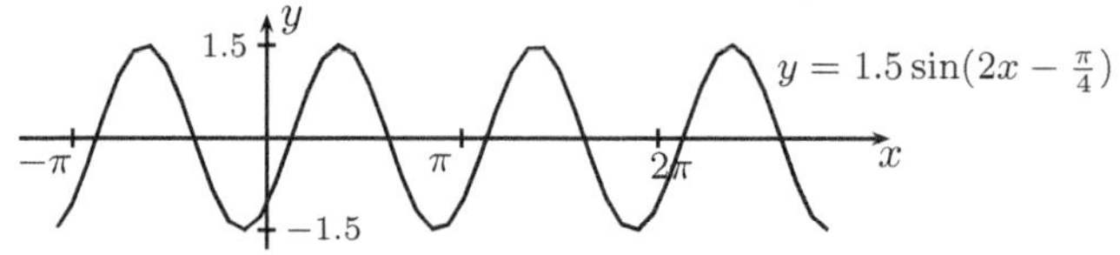

Kapitel 5

Differentialrechnung

5.1 Grundlegende Definitionen

Differentialrechnung beschäftigt sich im wesentlichen mit der Berechnung der **Steigung von Graphen** von Funktionen. Grundlegend dafür ist der Grenzwertbegiff bei Funktionen, den wir hier nicht entwickeln wollen, siehe dazu ausführlich **EM 2**. Außerdem verzichten wir auf die Betrachtung von Funktionen, bei denen mathematische Besonderheiten zu beachten sind.
Wer in den Kapiteln 5 und 6 auf exakte Definitionen Wert legt, greife zu ausführlicheren Werken, z.B. **EM 2** oder **HM**.

Steigung im Punkt $(x_0, f(x_0))$ eines Graphen

Eine reelle Funktion f heißt in x_0 differenzierbar, wenn der Grenzwert

$$\lim_{x \to x_0} \frac{f(x)-f(x_0)}{x-x_0}$$

existiert.
Dieser Grenzwert wird dann mit $f'(x_0)$ bezeichnet (lies: f Strich von x_0) und heißt **Ableitung** von f in x_0.

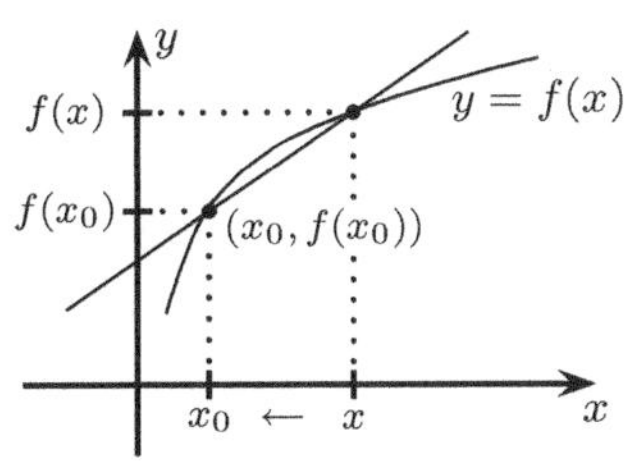

Anschaulich ist $f'(x_0)$ der Grenzwert der Steigungen von Sekanten des Graphen durch den Punkt $(x_0, f(x_0))$ und einen weiteren Punkt $(x, f(x))$. Diesen Grenzwert $f'(x_0)$ nennt man auch **Steigung** des Graphen von f in $(x_0, f(x_0))$, kurz: Steigung von f in x_0.

Beispiele:

Gegeben ist die Funktion $y = f(x) = x^2$.

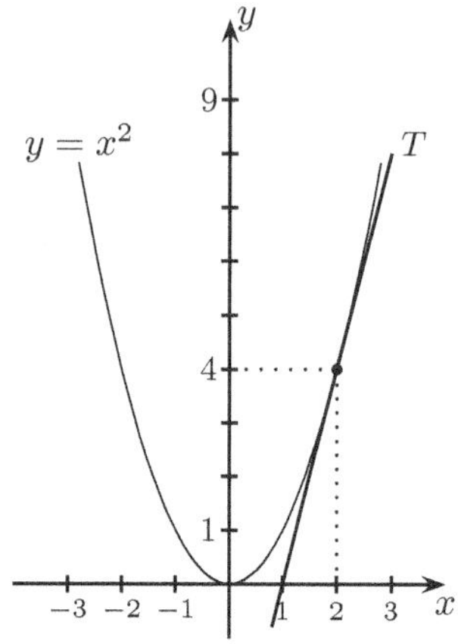

- Man berechne $f'(2)$.

  $f'(2) = \lim\limits_{x\to 2} \frac{f(x)-f(2)}{x-2} = \lim\limits_{x\to 2} \frac{x^2-4}{x-2}$

  Einsetzen nützt zur Berechnung nichts, da sich „$\frac{0}{0}$" ergibt, ein sogenannter unbestimmter Ausdruck. Man muss umformen, ehe man einsetzen kann. Dabei hilft die 3. binomische Formel.

  $= \lim\limits_{x\to 2} \frac{(x-2)(x+2)}{x-2} = \lim\limits_{x\to 2}(x+2) = \underline{4}.$

  Statt $f'(2) = 4$ schreibt man auch $y'(2) = 4$. Die Steigung der Normalparabel im Punkt $(2, 4)$ beträgt 4.

- Man berechne $f(x_0)$ für beliebiges $x_0 \in \mathbb{R}$.

  Die eben durchgeführte Berechnung lässt sich verallgemeinern.

  $$f'(x_0) = \lim_{x\to x_0} \frac{f(x)-f(x_0)}{x-x_0} = \lim_{x\to x_0} \frac{x^2-x_0^2}{x-x_0} = \lim_{x\to x_0} \frac{(x-x_0)(x+x_0)}{x-x_0}$$
  $$= \lim_{x\to x_0}(x+x_0) = \underline{2x_0}.$$

Tangente an den Graphen von f im Punkt $(x_0, f(x_0))$

Die Gerade durch $(x_0, f(x_0))$ mit der Steigung $f'(x_0)$ heißt **Tangente** T an den Graphen von f in x_0 oder in $(x_0, f(x_0))$ (siehe Skizze im Beispiel).

Es gilt: $\boxed{T:\ y = f(x_0) + f'(x_0)(x - x_0)}$.

Beispiel

- Wie lautet die Tangente an die Normalparabel in $(2, 4)$?

  Im letzten Beispiel wurde für $f(x) = x^2$ berechnet: $f'(2) = 4$.

  Also lautet die gesuchte Tangente:

  $$y = 4 + 4(x-2) \quad \text{bzw.} \quad y = 4x - 4.$$

  Die Tangente T ist in der obigen Skizze eingezeichnet; eine Gerade mit der Steigung 4, die die Normalparabel im Punkt $(2, 4)$ berührt.

Ableitung f'

Existiert für eine reelle Funktion $f: D \longrightarrow \mathbb{R}$ an jeder Stelle x_0 des Definitionsbereichs D die Ableitung von f in x_0, so heißt f **differenzierbar** und die Funktion $f': \begin{cases} D & \longrightarrow & \mathbb{R} \\ x & \longmapsto & f'(x) \end{cases}$ heißt **Ableitung von f**.

Ist $y = f(x)$, so sind die folgenden Bezeichnungen für Ableitungen üblich:

$$y'(x_0) = f'(x_0) = \frac{df}{dx}(x_0) = \frac{dy}{dx}(x_0), \qquad f' = y' = \frac{dy}{dx}.$$

Beispiele:

- Man bestimme die Ableitung von $y = f(x) = x^2$.

  Wir haben schon $y'(x_0) = 2x_0$ berechnet. Also ist $f'(x) = 2x$, bzw. $y' = 2x$. Anschaulich: Die Normalparabel hat im Punkt (x, x^2) die Steigung $2x$; die Steigung ist also stets doppelt so groß wie der Abszissenwert des Punktes. Für $x < 0$ ist die Steigung negativ. Man sagt: Der Graph fällt. Für $x > 0$ ist die Steigung positiv. Man sagt: Der Graph steigt.

- Man bestimme die Ableitung von $y = f(x) = c$ ($c \in \mathbb{R}$).

  $$f'(x_0) = \lim_{x\to x_0} \frac{f(x)-f(x_0)}{x-x_0} = \lim_{x\to x_0} \frac{c-c}{x-x_0} = \lim_{x\to x_0} 0 = 0$$

  Ist f eine konstante Funktion, so ist die Ableitung die Nullfunktion. (Eine zur x-Achse parallele Gerade hat die Steigung 0.)

- Man bestimme die Ableitung von $y = f(x) = 3x - 2$.

  $$\begin{aligned} f'(x_0) &= \lim_{x\to x_0} \frac{f(x)-f(x_0)}{x-x_0} = \lim_{x\to x_0} \frac{3x-2-(3x_0-2)}{x-x_0} = \lim_{x\to x_0} \frac{3x-3x_0}{x-x_0} \\ &= \lim_{x\to x_0} 3 = 3 \end{aligned}$$

  Es ist also $y' = 3$, und das stimmt mit dem Steigungsbegriff bei Geraden überein. Die Gerade $y = 3x - 2$ hat die Steigung 3. Eine Gerade hat in jedem Punkt die gleiche Steigung.

- Man bestimme die Ableitung von $y = \frac{1}{x}$ und $y'(-1)$.

  $$\begin{aligned} y'(x_0) &= \lim_{x\to x_0} \frac{y(x)-y(x_0)}{x-x_0} = \lim_{x\to x_0} \frac{\frac{1}{x}-\frac{1}{x_0}}{x-x_0} = \lim_{x\to x_0} \frac{\frac{x_0-x}{xx_0}}{x-x_0} \\ &= \lim_{x\to x_0} \frac{x_0-x}{xx_0(x-x_0)} = \lim_{x\to x_0} \frac{-1}{xx_0} = -\frac{1}{x_0^2} \end{aligned}$$

  Also ist $y' = -\frac{1}{x^2}$ und $y'(-1) = -1$.
  Die Ableitung nimmt nur negative Werte an, d.h. der Graph von f fällt in ganz $D = \mathbb{R} \setminus \{0\}$ (siehe dazu die Skizze des Graphen auf Seite 72).

Ableitungen wie in obigen Beispielen zu berechnen ist sehr mühsam. Man benötigt i.A. weitere Kenntnisse über Grenzwerte und das Rechnen mit Grenzwerten. Darauf verzichten wir hier (siehe dazu **EM 2**), und geben im folgenden zunächst die Ableitungen einiger grundlegender elementarer Funktionen an.

5.2 Ableitungen und Ableitungsregeln

Die folgenden Ableitungen einiger elementarer Funktionen können auf mehr oder weniger komplizierte Art berechnet werden.

Elementare Ableitungen

1) $f(x) = c \implies f'(x) = 0$

2) $f(x) = ax + b \implies f'(x) = a$

3) $f(x) = x^r \implies f'(x) = rx^{r-1} \quad (r \in \mathbb{R})$

speziell:

$f(x) = \frac{1}{x} \implies f'(x) = -\frac{1}{x^2}, \qquad f(x) = \sqrt{x} \implies f'(x) = \frac{1}{2\sqrt{x}}$

4) $f(x) = e^x \implies f'(x) = e^x, \qquad f(x) = \ln x \implies f'(x) = \frac{1}{x}$

5) $f(x) = \sin x \implies f'(x) = \cos x, \qquad f(x) = \cos x \implies f'(x) = -\sin x$

Beispiele:
Man berechne jeweils y' und $y'(x_0)$ sowie die Tangente in $(x_0, f(x_0))$ und vergleiche die Ergebnisse mit den Skizzen in Kapitel 4.

a) $y = f(x) = x^3, \quad x_0 = -1$ b) $y = f(x) = x^4, \quad x_0 = -1$

c) $y = f(x) = \frac{1}{x}, \quad x_0 = 2$ d) $y = f(x) = \sqrt{x}, \quad x_0 = 4$

e) $y = f(x) = e^x, \quad x_0 = 0$ f) $y = f(x) = \ln x, \quad x_0 = 1$

g) $y = f(x) = \sin x, \quad x_0 = \frac{\pi}{2}$ h) $y = f(x) = \cos x, \quad x_0 = \frac{\pi}{2}$.

a) $y = x^3 \implies y' = 3x^2$ siehe 3). $y'(-1) = 3$.
Tangente im Punkt $(-1, -1)$: $y = -1 + 3(x+1)$ bzw. $y = 3x + 2$.
Skizze Seite 67.

b) $y = x^4 \implies y' = 4x^3$ siehe 3). $y'(-1) = -4$.
Tangente im Punkt $(-1, 1)$: $y = 1 - 4(x+1)$ bzw. $y = -4x - 3$.
Skizze Seite 67.

c) $y = \frac{1}{x} = x^{-1} \implies y' = -x^{-2} = -\frac{1}{x^2}$ siehe 3). $y'(2) = -\frac{1}{4}$.
Tangente im Punkt $(2, \frac{1}{2})$: $y = \frac{1}{2} - \frac{1}{4}(x-2)$ bzw. $y = -\frac{1}{4}x + 1$.
Skizze Seite 72.

d) $y = \sqrt{x} = x^{\frac{1}{2}} \implies y' = \frac{1}{2}x^{-\frac{1}{2}} = \frac{1}{2\sqrt{x}}$ siehe 3). $y'(4) = \frac{1}{4}$.
Tangente im Punkt $(4, 2)$: $y = 2 + \frac{1}{4}(x-4)$ bzw. $y = \frac{1}{4}x + 1$.
Skizze Seite 78.

e) $y = e^x \implies y' = e^x$ siehe 4). $y'(0) = 1$.
Tangente im Punkt $(0, 1)$: $y = 1 + x$.
Skizze Seite 80.

f) $y = \ln x \implies y' = \frac{1}{x}$ siehe 4). $y'(1) = 1$.
Tangente im Punkt $(1, 0)$: $y = x - 1$.
Skizze Seite 80.

g) $y = \sin x \implies y' = \cos x$ siehe 5). $y'(\frac{\pi}{2}) = 0.$
Tangente im Punkt $(\frac{\pi}{2}, 1)$: $y = 1$, Parallele zur x-Achse.
Skizze Seite 84.

h) $y = \cos x \implies y' = -\sin x$ siehe 5). $y'(\frac{\pi}{2}) = -1.$
Tangente im Punkt $(\frac{\pi}{2}, 0)$: $y = -(x - \frac{\pi}{2}) = -x + \frac{\pi}{2}.$
Skizze Seite 84.

Die Skizzen der Graphen in Kapitel 4 bestätigen alle Ergebnisse. Eine Besonderheit tritt bei h) auf. Die Tangente an den Graphen von $\cos x$ im Punkt $(\frac{\pi}{2}, 0)$ hat mit dem Graphen genau diesen Punkt gemeinsam, durchdringt ihn aber in diesem Punkt.

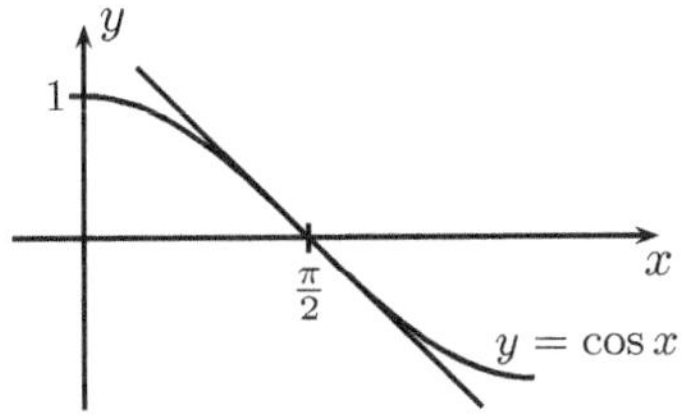

Zum Ableiten komplizierterer Funktionen benutzt man gewisse Ableitungsregeln, so dass man die Ableitung durch das Ableiten einfacherer Funktionen erhält.

Differentiationsregeln

1. $(c\,f)' = c\,f'$
   Konstante Faktoren bleiben beim Differenzieren erhalten.
2. $(f \pm g)' = f' \pm g'$ **Summenregel**
   Summen (Differenzen) werden gliedweise differenziert.
3. $(f \cdot g)' = f' \cdot g + f \cdot g'$ **Produktregel**
4. $\left(\frac{f}{g}\right)' = \frac{f' \cdot g - f \cdot g'}{g^2}, \quad g(x) \neq 0$ **Quotientenregel**
5. $(f(g(x)))' = f'(g(x))g'(x)$ **Kettenregel**
   Schlagwort: äußere Ableitung mal innere Ableitung.

Beispiele zum Differenzieren

- $y = x + x^2 + x^3$
  $y' = (x)' + (x^2)' + (x^3)'$ Summenregel.
  $= \underline{1 + 2x + 3x^2}$ Elementare Ableitungen 3).
- $y = 3x^5 - 4x^3 + 2x + 7$
  $y' = (3x^5)' - (4x^3)' + (2x)' + (7)'$ Summenregel.
  $= 3(x^5)' - 4(x^3)' + 2(x)' + 7(1)'$ Konstanten bleiben erhalten.
  $= 3 \cdot 5x^4 - 4 \cdot 3x^2 + 2 \cdot 1 + 7 \cdot 0$ Elementare Ableitungen 3).
  $= \underline{15x^4 - 12x^2 + 2}$
  Merke: Ein konstanter Summand fällt bei Differenzieren fort.
- $y = 7x^8 + 5x^6 + 3x^3 - 4x^2 + 9$
  $y' = \underline{56x^7 + 30x^5 + 9x^2 - 8x}$ Wie eben, aber alles in einem Schritt.

- $y = x \cdot e^x$
  $y' = (x)' \cdot e^x + x \cdot (e^x)'$ Produktregel.
  $= 1 \cdot e^x + x \cdot e^x = \underline{e^x(1+x)}$ Elementare Ableitungen 3) und 4).

- $y = x \cdot \sqrt{x}$
  $y' = (x)' \cdot \sqrt{x} + x \cdot (\sqrt{x})'$ Produktregel, Elementare Ableitungen 3).
  $= 1 \cdot \sqrt{x} + \frac{x}{2\sqrt{x}} = \sqrt{x} + \frac{x\sqrt{x}}{2\sqrt{x}\cdot\sqrt{x}} = \sqrt{x} + \frac{1}{2}\sqrt{x} = \underline{\frac{3}{2}\sqrt{x}}$
  oder mittels Umformung und 3) der Elementaren Ableitungen:
  $y = x \cdot \sqrt{x} = x \cdot x^{\frac{1}{2}} = x^{\frac{3}{2}}$
  $y' = \frac{3}{2}\, x^{\frac{3}{2}-1} = \frac{3}{2}\, x^{\frac{1}{2}} = \frac{3}{2}\sqrt{x}$

- $y = \sqrt[3]{x^2}$ Umformen zu $y = x^{\frac{2}{3}}$ und nun Elementare Ableitungen 3).
  $y' = \frac{2}{3}\, x^{\frac{2}{3}-1} = \frac{2}{3}\, x^{-\frac{1}{3}} = \underline{\frac{2}{3\sqrt[3]{x}}}$

- $y = \frac{x}{x+1}$ Quotientenregel.
  $y' = \frac{(x)'(x+1) - x(x+1)'}{(x+1)^2} = \frac{x+1-x\cdot 1}{(x+1)^2} = \underline{\frac{1}{(x+1)^2}}$

- $y = \tan x$ Umformen zu $y = \frac{\sin x}{\cos x}$ und nun Quotientenregel.
  $y' = (\tan x)' = (\frac{\sin x}{\cos x})' = \frac{(\sin x)' \cos x - \sin x (\cos x)'}{\cos^2 x}$
  $= \frac{\cos^2 x + \sin^2 x}{\cos^2 x} = \underline{1 + \tan^2 x} = \underline{\frac{1}{\cos^2 x}}$

- $y = (x^2+1)^2$ Umformen $y = (x^2+1)^2 = x^4 + 2x^2 + 1$.
  $y' = 4x^3 + 4x = \underline{4x(x^2+1)}$ Summenregel anwenden.
  oder Kettenregel anwenden:
  $y = (x^2+1)^2 = f(g(x))$ mit $z = g(x) = x^2 + 1$ und $f(z) = z^2$.
  $y' = f'(g(x))g'(x)$ $f'(z) = 2z$, also $f'(g(x)) = 2(x^2+1)$ und $g'(x) = 2x$.
  $= 2(x^2+1) \cdot 2x = 4x(x^2+1)$

- $y = \sqrt{x^2-1} = f(g(x))$ Kettenregel mit $g(x) = x^2 - 1$ und $f(z) = \sqrt{z}$.
  $f'(z) = \frac{1}{2z}$, $g'(x) = 2x$
  $y' = f'(g(x))g'(x) = \frac{1}{2(x^2-1)} \cdot 2x = \underline{\frac{x}{x^2-1}}$

- $y = x^2 \sin(3x+1)$ Produkt- und Kettenregel anwenden.
  $y' = (x^2)' \sin(3x+1) + x^2(\sin(3x+1))'$
  $= 2x \sin(3x+1) + x^2 \cos(3x+1) \cdot 3$
  $= \underline{2x \sin(3x+1) + 3x^2 \cos(3x+1)}$

Am Beispiel einer mehrfach verketteten Funktion macht man sich die Kettenregel am besten klar.

- $$\begin{aligned} y &= \sin(\mathrm{e}^{\sqrt{x^2+1}}) \\ y' &= (\sin(\mathrm{e}^{\sqrt{x^2+1}}))' \\ &= \cos(\mathrm{e}^{\sqrt{x^2+1}}) \cdot (\mathrm{e}^{\sqrt{x^2+1}})' \qquad \text{äußere Ableitung} \cdot \text{innere Ableitung} \\ &= \cos(\mathrm{e}^{\sqrt{x^2+1}}) \cdot \mathrm{e}^{\sqrt{x^2+1}} \cdot (\sqrt{x^2+1})' \\ &= \cos(\mathrm{e}^{\sqrt{x^2+1}}) \cdot \mathrm{e}^{\sqrt{x^2+1}} \cdot \frac{1}{2\sqrt{x^2+1}} \cdot (x^2+1)' \\ &= \cos(\mathrm{e}^{\sqrt{x^2+1}}) \cdot \mathrm{e}^{\sqrt{x^2+1}} \cdot \frac{1}{2\sqrt{x^2+1}} \cdot 2x \end{aligned}$$

Daher der Name Kettenregel! Hat man sie verstanden, kann man das Ergebnis ohne Zwischenschritte hinschreiben.

- $\left(\sqrt{\mathrm{e}^{3x^2}+2x}\right)' = \frac{1}{2\sqrt{\mathrm{e}^{3x^2}+2x}} \cdot (6x\mathrm{e}^{3x^2}+2)$

Differentiation von Umkehrfunktionen

Ist $y = f(x)$ eine umkehrbare differenzierbare Funktion, dann ist die Umkehrfunktion $x = g(y)$ differenzierbar und es gilt:

$$g'(y) = \frac{1}{f'(g(y))} \qquad \text{oder} \qquad \frac{dx}{dy} = \frac{1}{\frac{dy}{dx}} \qquad \text{für } f'(x) \neq 0.$$

- Man differenziere die Umkehrfunktion von $y = x^2$, $x > 0$.
  $y = f(x) = x^2 \implies x = g(y) = \sqrt{y} \implies g'(y) = \frac{1}{f'(g(y))} = \frac{1}{2x} = \frac{1}{2\sqrt{y}}$.
  Schreibt man die Umkehrfunkion von $y = x^2$, $x > 0$, wie üblich als $y = \sqrt{x}$, so muss man im Ergebnis für $g'(y)$ die Variable y durch x ersetzen und hat mit Hilfe der Regel für das Ableiten von Umkehrfunktionen also gezeigt:
  $(\sqrt{x})' = \frac{1}{2\sqrt{x}}$.
- Man differenziere $y = \ln x$ als Umkehrfunktion von $x = \mathrm{e}^y$.
  $(\ln x)' = \frac{dy}{dx} = \frac{1}{\frac{dx}{dy}} = \frac{1}{\mathrm{e}^y} = \frac{1}{x}$.

Die Skizze erläutert die Regel zum Ableiten einer Umkehrfunktion.
Man beachte dabei, dass der Graph der Umkehrfunktion g von $y = f(x)$ durch Spiegelung des Graphen von f an der Winkelhalbierenden des 1. und 3. Quadranten entsteht.
Mit $f(x_0) = y_0$ ist $f'(x_0) = \frac{b}{a}$ und
$g'(y_0) = \frac{a}{b} = \frac{1}{\frac{b}{a}} = \frac{1}{f'(x_0)}$.

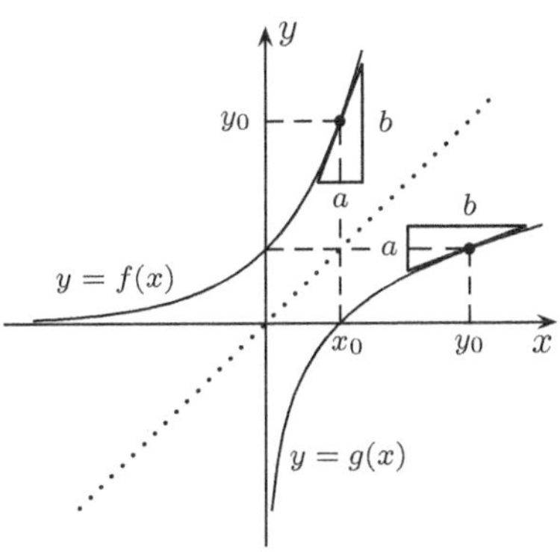

- Man differenziere die Exponentialfunktion $y = f(x) = a^x\,, a > 0\,, a \neq 1$.

  Hier hilft die Formel $\mathrm{e}^{\ln x} = x$ für $x > 0$, siehe Seite 26.
  Danach kann man nämlich umformen:

  $$y = f(x) = a^x = \mathrm{e}^{\ln a^x} = \mathrm{e}^{x \ln a}.$$

  Jetzt lässt sich f mit der Kettenregel ableiten:

  $$\begin{aligned} y' &= \mathrm{e}^{x\ln a} \cdot (x \ln a)' && \text{äußere Ableitung} \cdot \text{innere Ableitung} \\ &= \mathrm{e}^{x\ln a} \cdot \ln a \\ &= \underline{a^x \cdot \ln a} && (\mathrm{e}^{x\ln a} \text{ wieder in ursprünglicher Form geschrieben.}) \end{aligned}$$

Merke: Die Ableitung der Exponentialfunktion $y = a^x$ ist ein Vielfaches der Funktion selbst. Der auftretende Faktor ist $\ln a$, also der natürliche Logarithmus der Basis.
Damit bekommt die Zahl e eine besondere Bedeutung, denn es ist diejenige Basis, für die die Ableitung der Exponentialfunktion $y = \mathrm{e}^x$ mit der Funktion übereinstimmt.

Nach Umformung mit der Formel $\mathrm{e}^{\ln x} = x$ für $x > 0$ lassen sich alle Funktionen ableiten, bei denen x in irgendeiner Weise im Exponenten erscheint.

- Man differenziere $y = f(x) = 2^{-x^2}$.

  $y = 2^{-x^2} = \mathrm{e}^{\ln 2^{-x^2}} = \mathrm{e}^{-x^2 \ln 2}$. Jetzt Kettenregel anwenden.

  $y' = \mathrm{e}^{-x^2\ln 2} \cdot (-2x \ln 2) = \underline{-x \cdot 2^{-x^2} \cdot \ln 4} = \underline{-x \cdot 2^{-x^2+1} \cdot \ln 2}$

- Man differenziere $y = f(x) = x^x$, $x > 0$.

  $$\begin{aligned} y &= x^x = \mathrm{e}^{\ln x^x} = \mathrm{e}^{x \ln x} && \text{Kettenregel anwenden.} \\ y' &= \mathrm{e}^{x\ln x} \cdot (x \ln x)' && \text{äußere Ableitung} \cdot \text{innere Ableitung} \\ &= \mathrm{e}^{x\ln x} \cdot (1 \cdot \ln x + x \cdot \tfrac{1}{x}) && \text{Produktregel angewendet.} \\ &= \underline{(1 + \ln x) \cdot x^x} \end{aligned}$$

- Man differenziere $y = f(x) = (2x+1)^{\sqrt{x}}$, $x > 0$.

  $$\begin{aligned} y &= (2x+1)^{\sqrt{x}} = \mathrm{e}^{\ln(2x+1)^{\sqrt{x}}} = \mathrm{e}^{\sqrt{x}\ln(2x+1)} \\ y' &= \mathrm{e}^{\sqrt{x}\ln(2x+1)} \cdot \left(\tfrac{1}{2\sqrt{x}} \cdot \ln(2x+1) + \sqrt{x} \cdot \tfrac{2}{2x+1}\right) \\ &= \underline{\sqrt{x}\left(\tfrac{2}{2x+1} + \tfrac{\ln(2x+1)}{2x}\right)(2x+1)^{\sqrt{x}}} \end{aligned}$$

5.3 Höhere Ableitungen

Ist $y = f(x)$ differenzierbar, so kann man $y' = f'(x)$ bilden. Ist f' wieder differenzierbar, kann man $y'' = f''(x) := (f'(x))'$ bilden usw.

Höhere Ableitungen

Ist $y = f(x)$, so setzt man unter der Voraussetzung, dass die Ableitungen jeweils existieren:

$y^{(0)} = f^{(0)}(x) := f(x)$

$y^{(1)} = f^{(1)}(x) := f'(x) = y'$ (1.) Ableitung von f

$y^{(2)} = f^{(2)}(x) := (f'(x))' = f''(x) = y''$ 2. Ableitung von f

usw.

$y^{(n)} = f^{(n)}(x) := (f^{(n-1)}(x))'$ n-te Ableitung von f

Beispiele:

- $y = x^3 + 2x^2$ Man berechne y', y'', y''' und $y^{(4)}$.
  $y' = 3x^2 + 4x$, $y'' = 6x + 4$, $y''' = 6$, $y^{(4)} = 0$.
  Alle höheren Ableitungen sind dann natürlich auch gleich 0.
- $y = \frac{1}{x}$ Man berechne y', y'', y''' und $y^{(4)}$.
  $y' = -\frac{1}{x^2} = -x^{-2}$, $y'' = 2x^{-3}$, $y''' = -6x^{-4}$, $y^{(4)} = 24x^{-5}$.
- $y = \sin x$ Man berechne y' bis $y^{(5)}$.
  $y' = \cos x$, $y'' = -\sin x$, $y''' = -\cos x$, $y^{(4)} = \sin x = y$,
  $y^{(5)} = y' = \cos x$.
  Es gilt hier also $y^{(n)} = y^{(n+4)}$ für alle $n \in \mathbb{N}$.
- $y = \frac{2x+1}{2x+3}$ Man berechne y' und y''.
  $y' = \frac{2(2x+3)-(2x+1)2}{(2x+3)^2} = \frac{4}{(2x+3)^2} = 4(2x+3)^{-2}$, Quotientenregel.
  $y'' = -8(2x+3)^{-3} \cdot 2 = -16(2x+3)^{-3}$, Kettenregel.
  Auf die Quotientenregel kann man verzichten, wenn man umformt:
  $y = \frac{2x+1}{2x+3} = \frac{2x+3-2}{2x+3} = 1 - \frac{2}{2x+3} = 1 - 2(2x+3)^{-1}$. Dann folgt:
  $y' = 2(2x+3)^{-2} \cdot 2$ nach der Kettenregel und y'' ergibt sich wie eben.

Ist $y = f(x)$, so sind folgende Bezeichnungen für die Ableitung von f bei x_0 (siehe Seite 88) bzw. für höhere Ableitungen üblich:

$$y'(x_0) = f'(x_0) = \frac{df}{dx}(x_0) = \frac{dy}{dx}(x_0),$$

$$y^{(n)}(x_0) = f^{(n)}(x_0) = \frac{d^n f}{dx^n}(x_0) = \frac{d^n y}{dx^n}(x_0).$$

5.4 Graphisches Differenzieren

Die Ableitung f' von f ist diejenige Funktion, die jedem $x \in D(f)$ die Steigung des Graphen von f im Punkt $(x, f(x))$ zuordnet. Daher lässt sich der Graph von f' (grob) aus dem Graphen von f konstruieren.

Die beiden Beispiele mit den vier Skizzen erläutern das Verfahren.

1. In Punkten $P_i = (x, f(x))$ des Graphen von f wird nach Augenmaß eine Tangente gezeichnet und deren Steigung geschätzt, hier ca. 1,5 bei P_1, $-\frac{4}{3}$ bei P_2 und 0 bei P_3 und P_4. Diese Werte werden im gleichen oder in einem neuen Koordinatensystem bei der Abszisse x als Ordinate abgetragen. Auf diese Weise lässt sich der Graph von f' punktweise konstruieren.
Oder man zeichnet wie folgt:
Durchläuft man den Graphen von f von links nach rechts, hat er zunächst große positive Steigung, die dann abnimmt, bis sie bei P_4 0 wird. Danach ist die Steigung negativ, erreicht im Nullpunkt ihren kleinsten Wert, steigt dann wieder an – bleibt aber negativ – bis zum Punkt P_3. Danach wird sie positiv und immer größer. Das ergibt den nebenstehenden Graphen von f'.

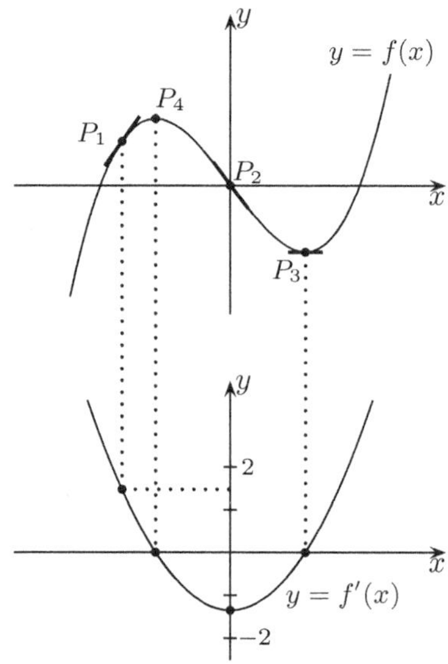

2. Bei diesem Beispiel gehen wir entsprechend vor. Hier beachte man insbesondere die Punkte P_1 und P_2. Der Graph von f steigt links von P_1, hat in P_1 die Steigung 0, danach aber wieder positive Steigung. Der Graph von f' berührt an der Stelle nur die x-Achse. Entsprechend für P_2, nur fallend.
Das Durchlaufen des Graphen von f und die Analyse des jeweiligen Steigungsverhaltens ergibt ungefähr den nebenstehenden Graphen von f'.

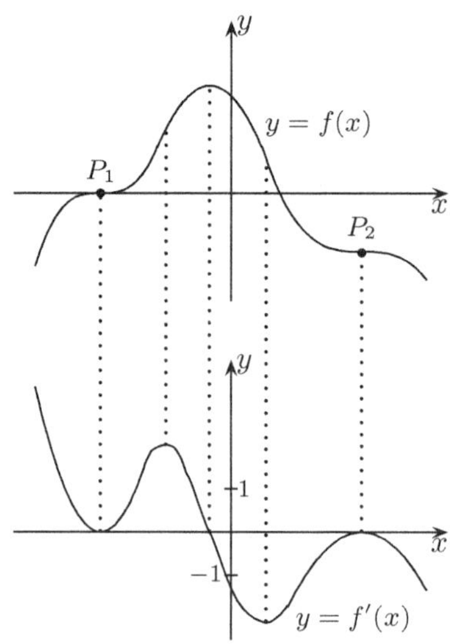

5.5 Extrema von f und f'

Betrachten wir einmal die folgende Frage und eine Politikerphrase:
- Bei welcher Geschwindigkeit ist die Kfz-Aufnahmekapazität einer Straße am größten?
- Der zunehmende Abwärtstrend unserer Partei ist gestoppt.

Bei der Beantwortung der Frage bzw. Analyse der Phrase hilft Differentialrechnug. Letztendlich geht es um spezielle Punkte von Graphen von Funktionen.

Extrempunkte und Wendepunkte

Wir betrachten Punkte wie in nebenstehender Skizze.

P_1 heißt (relativer) **Hochpunkt** von f, (exakter: des Graphen von f).

P_2 heißt (relativer) **Tiefpunkt** von f.

P_3 (P_5) heißt **Wendepunkt** von f.

P_4 heißt **Sattelpunkt** von f.

Hoch- und Tiefpunkte nennt man **Extrempunkte**.

Ein Sattelpunkt ist ein spezieller Wendepunkt (mit waagerechter Tangente).

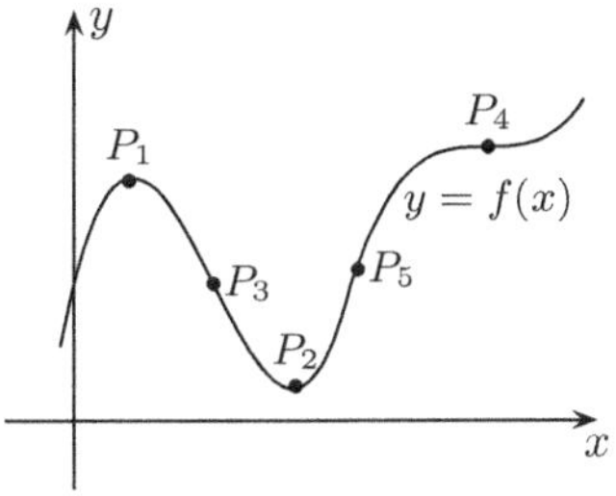

Der Politiker redet also im Prinzip über Wendepunkte, denn P_3 ist dadurch gekennzeichnet, dass der Graph (ab P_1) bis P_3 immer stärker fällt, danach zwar weiter fällt, aber weniger stark.

Die erste oben gestellte Frage wird später beantwortet.

Bezeichnungen

$(x_0, f(x_0))$ Extrempunkt von f:	x_0 Extremstelle von f,	$f(x_0)$ Extremum.
$(x_0, f(x_0))$ Hochpunkt von f:	x_0 Maximalstelle von f,	$f(x_0)$ Maximum.
$(x_0, f(x_0))$ Tiefpunkt von f:	x_0 Minimalstelle von f,	$f(x_0)$ Minimum.

Wie findet man bei gegebener Funktion Extrempunkte und Wendepunkte?

Notwendiges Kriterium für Extremstellen

x_0 ist eine Extremstelle von $f \implies f'(x_0) = 0$.

anschaulich: Ein Extrempunkt kann nur bei waagerechter Tangente vorliegen, dort muss aber keiner sein (siehe P_4 in obiger Skizze).

---

f hat bei x_0 einen Wendepunkt $\iff$ f' hat bei x_0 einen Extrempunkt.

Wendepunkte findet man also wie Extrempunkte.

Beispiele:
Haben die Graphen der folgenden Funktionen Extrem– bzw. Wendepunkte?

- $\boldsymbol{y = f(x) = x^2}$

  Es gilt $y' = 2x$ und $y'' = 2$.
  $y' = 0 \iff x = 0$
  Nur bei $x_0 = 0$ kann $y = x^2$ einen Extrempunkt besitzen. Die bekannte Skizze (Normalparabel) zeigt, dass $(0,0)$ ein Tiefpunkt ist.
  f'' wird nie 0, also besitzt f' keine Extrempunkte, f also keine Wendepunkte.

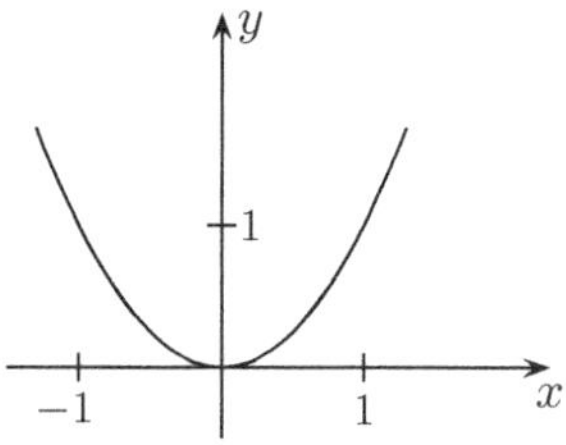

- $\boldsymbol{y = f(x) = x^3}$

  Es gilt $y' = 3x^2$ und $y'' = 6x$.
  $y' = 0 \iff x = 0 \iff y'' = 0$
  Ein Extrempunkt bzw. Wendepunkt kann nur bei $x_0 = 0$ vorliegen. Die Skizze zeigt, dass $(0,0)$ ein Wendepunkt mit waagerechter Tangente (Sattelpunkt) ist.

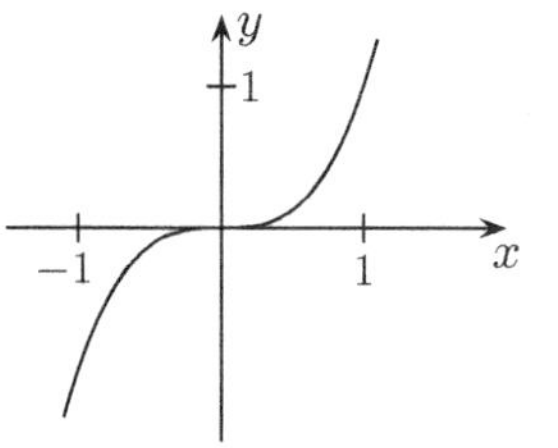

- $\boldsymbol{y = f(x) = -x^4 + 1}$

  Es gilt $y' = -4x^3$ und $y'' = -12x^2$.
  $y' = 0 \iff x = 0 \iff y'' = 0$
  Ein Extrempunkt bzw. Wendepunkt kann nur bei $x_0 = 0$ vorliegen. Die Skizze zeigt, dass $(0,1)$ ein Hochpunkt ist.

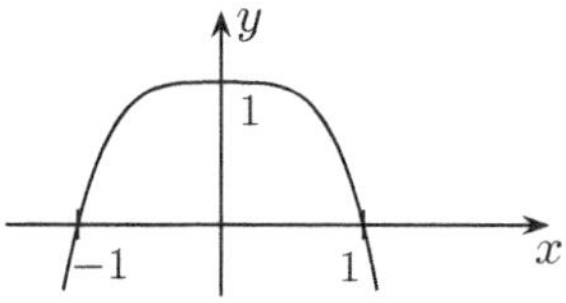

Zwei hinreichende Kriterien für Extremstellen

(1) a) Gilt $f'(x_0) = 0$ und ändert f' bei x_0 das Vorzeichen von $+$ auf $-$, so ist x_0 eine Maximalstelle.
b) Gilt $f'(x_0) = 0$ und ändert f' bei x_0 das Vorzeichen von $-$ auf $+$, so ist x_0 eine Minimalstelle.
c) Gilt $f'(x_0) = 0$ und ändert f' bei x_0 nicht das Vorzeichen, so ist $(x_0, f(x_0))$ kein Extrempunkt, sondern ein Sattelpunkt.

---

(2) a) Gilt $f'(x_0) = 0$ und ist $f''(x_0) < 0$, so ist x_0 eine Maximalstelle.
b) Gilt $f'(x_0) = 0$ und ist $f''(x_0) > 0$, so ist x_0 eine Minimalstelle.
c) Gilt $f'(x_0) = 0$ und ist $f''(x_0) = 0$, so ist mit f'' keine Entscheidung möglich.

Bemerkungen:
(i) Der Begriff Vorzeichenänderung sollte klar sein, er wird in den Beispielen aber erläutert. Hat f' negatives Vorzeichen, so fällt der Graph, hat f' positives Vorzeichen, siehe folgende Skizze.

(ii) Die nebenstehende Skizze erläutert die beiden Kriterien. Skizziert sind der Graph einer Funktion f, sowie die Graphen von f' und f''. Man erkennt:
Wo der Graph von f steigt, verläuft der Graph von f' oberhalb der x-Achse, f' ist positiv. Wo der Graph von f fällt, verläuft der Graph von f' unterhalb der x-Achse, f' ist negativ. Entsprechend für f' und f''.
Beim Hochpunkt $P_1 = (x_1, y_1)$ von f hat f' eine Nullstelle x_1, kommt dort aus dem Positiven und wechselt ins Negative. Umgekehrt ist es beim Tiefpunkt $P_2 = (x_2, y_2)$.

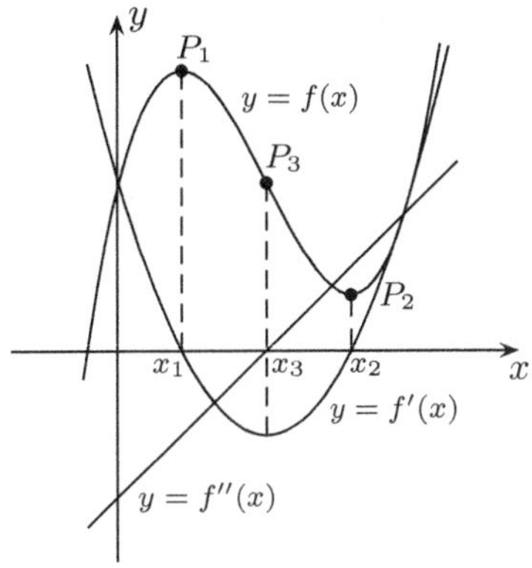

Man beachte dabei, dass man sich beim Durchlaufen eines Graphen wie auf der Zahlengeraden stets von links nach rechts bewegt.
Die 2. Ableitung f'' ist an der Stelle x_1 negativ, an der Stelle x_2 positiv.
Im Wendepunkt $P_3 = (x_3, y_3)$ hat f' ein Extremum, hier ein Minimum, und x_3 ist Nullstelle von f''.

(iii) Das Kriterium (1) liefert bei den meisten Funktionen mit Hilfe von f' die Entscheidung über Extremstellen und Sattelpunkte. Beim Kriterium (2) muss man mehr rechnen (f'' ausrechnen) und es kann vorkommen, dass auch f'' keine Entscheidung liefert.
(iv) Zur Bestimmung von Wendepunkten sucht man die Extrempunkte von f', wendet also eines der Kriterien auf f'' an.

Beispiele:
Man untersuche die obigen Beispiele $y = x^2$, $y = x^3$ und $y = -x^4 + 1$ mit diesen Kriterien auf Extremstellen.

- $\boldsymbol{y = f(x) = x^2}$ Zu untersuchen: $x_0 = 0$.
  Mit (1): $y' = 2x$.
  Links von $x_0 = 0$, also für $x < 0$ ist $y' = 2x$ negativ, rechts von $x_0 = 0$, also für $x > 0$ ist $y' = 2x$ positiv. y' ändert daher bei x_0 das Vorzeichen von $-$ auf $+$; x_0 ist Minimalstelle.

  Mit (2): $y' = 2x$, $y'' = 2$.
  Es ist $y''(0) = 2 > 0$, also ist 0 eine Minimalstelle von f.
- $\boldsymbol{y = f(x) = x^3}$ Zu untersuchen: $x_0 = 0$.
  Mit (1): $y' = 3x^2$.
  $y' = 3x^2$ ist stets größer gleich 0, also ändert y' bei 0 nicht das Vorzeichen. $(0, 0)$ ist daher ein Sattelpunkt von f.

  Mit (2): $y' = 3x^2$, $y'' = 6x$.
  Es ist $y''(0) = 0$. Kriterium (2) liefert also keine Entscheidung.

- $\boldsymbol{y = f(x) = -x^4 + 1}$ Zu untersuchen: $x_0 = 0$.
  Mit (1): $y' = -4x^3$.
  Links von $x_0 = 0$, also für $x < 0$, ist $y' = -4x^3$ positiv, rechts von $x_0 = 0$, also für $x > 0$, ist $y' = -4x^3$ negativ. y' ändert daher bei x_0 das Vorzeichen von $+$ auf $-$; x_0 ist Maximalstelle.
  Mit (2): $y' = -4x^3, \quad y'' = -12x^2$.
  Es ist $y''(0) = 0$. Kriterium (2) liefert also keine Entscheidung.

Man kann Kriterium (2) verallgemeinern und höhere Ableitungen zur Entscheidung über Extrempunkte benutzen.

Hinreichendes Kriterium mit höheren Ableitungen für Extremstellen

Ist $f'(x_0) = f''(x_0) = \ldots = f^{(n-1)}(x_0) = 0$ und $f^{(n)}(x_0) \neq 0$, so gilt falls $n \geq 2$:
(a) Ist n gerade und $f^{(n)}(x_0) < 0$, so ist x_0 eine Maximalstelle.
(b) Ist n gerade und $f^{(n)}(x_0) > 0$, so ist x_0 eine Minimalstelle.
(c) Ist n ungerade, so ist $(x_0, f(x_0))$ ein Sattelpunkt.

Beispiel:

- Man untersuche $y = x^3$ und $y = -x^4 + 1$ mit diesem Kriterium auf Extremstellen.
  $\boldsymbol{y = f(x) = x^3}$ Zu untersuchen: $x_0 = 0$.
  $y' = 3x^2, \quad y'' = 6x, \quad y''' = 6$.
  Es ist $y'(0) = y''(0) = 0$ und $y'''(0) = 6 \neq 0$. 3 ist ungerade, also ist $(0, 0)$ ein Sattelpunkt nach (c).
  $\boldsymbol{y = f(x) = -x^4 + 1}$ Zu untersuchen: $x_0 = 0$.
  $y' = -4x^3, \quad y'' = -12x^2, \quad y''' = -24x, \quad y^{(4)} = -24$.
  Es ist $y'(0) = y''(0) = y'''(0) = 0$ und $y^{(4)}(0) = -24 < 0$. 4 ist gerade. 0 ist eine Maximalstelle nach (a).

Es folgen einige Beispiele zu klassischen Kurvendiskussionen, wobei wir uns jeweils auf die Berechnung von Extrem- und Wendepunkten und die Skizze beschränken.

Beispiele:

- $\boldsymbol{y = f(x) = 2x^2 - x^4}$
  $y' = 4x - 4x^3 = 4x(1 - x^2)$,
  $y' = 0 \iff x_0 = 0,\ x_1 = 1,\ x_2 = -1$.
  f ist eine gerade Funktion, da $f(x) = f(-x)$ gilt, der Graph ist also symmetrisch zur y-Achse. Es brauchen daher nur x_0 und x_1 untersucht zu werden. Wir benutzen das hinreichende Kriterium (1).
  Bei $x_0 = 0$ wechselt y' das Vorzeichen von $-$ auf $+$, bei $x_1 = 1$ von $+$ auf $-$. Also:

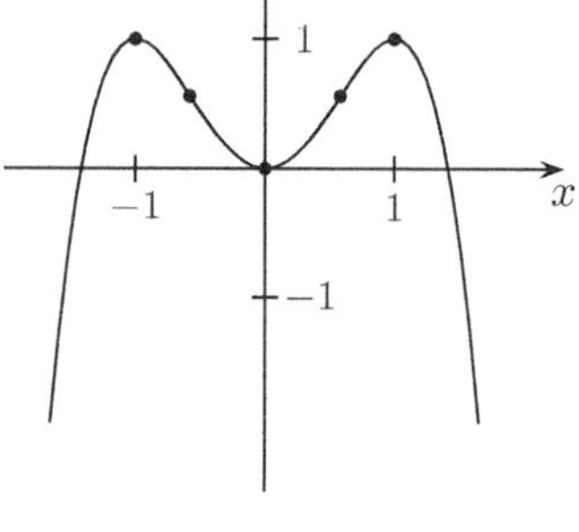

$(0,0)$ ist ein Tiefpunkt. $(1,1)$ und $(-1,1)$ sind Hochpunkte.
$y'' = 4 - 12x^2, \quad y'' = 0 \iff x_3 = \frac{1}{3}\sqrt{3},\ x_4 = -\frac{1}{3}\sqrt{3}.$
y'' wechselt bei x_3 das Vorzeichen, also ist x_3 eine Extremstelle von f', und damit hat f bei x_3 einen Wendepunkt.
Wendepunkte: $(-\frac{1}{3}\sqrt{3}\,,\ \frac{5}{9})$ und $(\frac{1}{3}\sqrt{3}\,,\ \frac{5}{9})$.

- $\boldsymbol{y = f(x) = \frac{1}{2}x^4 - x^3}$

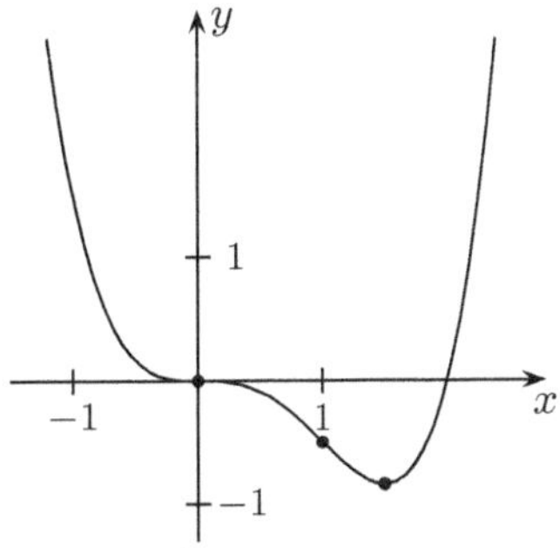

$y' = 2x^3 - 3x^2 = x^2(2x-3),$
$y' = 0 \iff x_0 = 0,\ x_1 = 1{,}5.$
Wir benutzen wieder das hinreichende Kriterium (1).
Bei $x_0 = 0$ wechselt y' das Vorzeichen nicht, bei $x_1 = \frac{3}{2}$ wechselt f' das Vorzeichen von $-$ auf $+$. Es folgt:
$(0,0)$ ist ein Sattelpunkt.
$(\frac{3}{2}, -\frac{27}{32}) \approx (1.5\,,\ -.84)$ ist ein Tiefpunkt.

$y'' = 6x^2 - 6x = 6x(x-1), \quad y'' = 0 \iff x_2 = 0,\ x_3 = 1.$
$x_2 = 0$ liefert den schon berechneten Sattelpunkt, $(1, -\frac{1}{2})$ ist ein weiterer Wendepunkt, da y'' bei 1 das Vorzeichen wechselt. Die ungefähre Lage der Wendepunkte erkennt man natürlich auch an der Skizze.

- $\boldsymbol{y = f(x) = \frac{4x}{x^2+1}}$

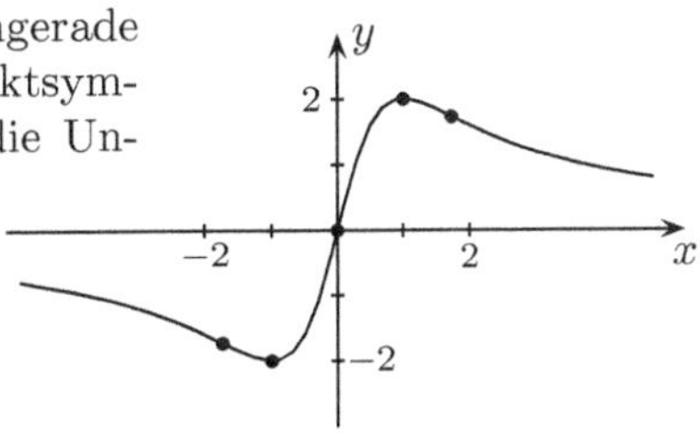

Wegen $f(-x) = -f(x)$ ist f eine ungerade Funktion. Der Graph ist daher punktsymmetrisch zum Ursprung. Es reicht die Untersuchung für $x \geq 0$.

$$y' = \frac{4(x^2+1) - 4x\cdot 2x}{(x^2+1)^2} = \frac{-4x^2+4}{(x^2+1)^2}.$$

$$y' = 0 \iff -4x^2 + 4 = 0 \iff x_0 = 1\,,\ x_1 = -1$$

Bei 1 wechselt y' das Vorzeichen von $+$ auf $-$,
$(1,2)$ ist ein Hochpunkt. Damit ist $(-1,-2)$ ein Tiefpunkt.

$$y'' = \frac{-8x(x^2+1)^2 - (-4x^2+4)2(x^2+1)2x}{(x^2+1)^4} = \frac{8x(x^2-3)}{(x^2+1)^3}$$

$y'' = 0 \iff x = 0$ oder $x = \pm\sqrt{3}$
y'' wechselt bei 0 und $\sqrt{3}$ das Vorzeichen. Also liegen drei Wendepunkte vor, und zwar $(0,0)$, $(\sqrt{3}, \sqrt{3})$ und $(-\sqrt{3}, -\sqrt{3})$ (siehe Skizze).

- $\boldsymbol{y = f(x) = \dfrac{x^3}{x^2-x-2}}$ (siehe S. 74) Keine Wendepunkte berechnen!

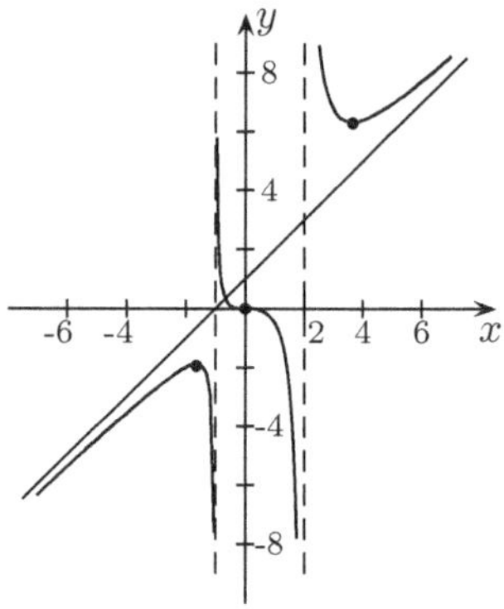

$f'(x) = \frac{3x^2(x^2-x-2)-x^3(2x-1)}{(x^2-x-2)^2}$
$= \frac{x^2(x^2-2x-6)}{(x^2-x-2)^2}$
$f'(x) = 0 \implies x = 0$ oder
$x^2 - 2x - 6 = 0$
$x^2 - 2x - 6 = 0 \iff x_{1,2} = 1 \pm \sqrt{7}$
Also gilt $f'(x) = 0$ für die Stellen
$x_0 = 0\,,\ x_1 \approx -1,65\,,\ x_2 \approx 3,65$.
Bei $x_0 = 0$ wechselt f' nicht das Vorzeichen, $(0,0)$ ist also ein Sattelpunkt von f. Da das Vorzeichen von f' nur vom Vorzeichen von x^2-2x-6 abhängt, erkennt man, dass das Vorzeichen von f' bei x_1 von $+$ auf $-$ wechselt und bei x_2 von $-$ auf $+$. Damit ist x_1 eine Maximalstelle und x_2 eine Minimalstelle.
f'' ist mühsamer zu bilden und vor allem schwieriger auf Nullstellen zu untersuchen, weshalb wir auf die Berechnung von Wendepunkten verzichtet haben. Die Skizze zeigt, dass $(0,0)$ einziger Wendepunkt von f ist.

- $\boldsymbol{y = f(x) = x^3 \cdot \mathrm{e}^{-x}}$ Ein etwas schwierigeres Beispiel.
$f'(x) = 3x^2\mathrm{e}^{-x} - x^3\mathrm{e}^{-x} = x^2\mathrm{e}^{-x}(3-x)$.

Es gilt: $f(x)\begin{cases} >0 & \text{für } x>0\\ =0 & \text{für } x=0\\ <0 & \text{für } x<0\end{cases}$ $\qquad f'(x)\begin{cases} >0 & \text{für } x<0\\ =0 & \text{für } x=0\\ >0 & \text{für } 0<x<3\\ =0 & \text{für } x=3\\ <0 & \text{für } x>3\end{cases}$

$\lim\limits_{x\to\infty} f(x) = 0$

Die Tabelle für f' zeigt, dass bei $x = 0$ ein Sattelpunkt liegt, und 3 eine Maximalstelle ist (Vorzeichenwechsel von $+$ auf $-$).
Hochpunkt ist $(3\,,27\mathrm{e}^{-3}) \approx (3\,,1.34)$.

$$f''(x) = 6x\mathrm{e}^{-x} - 3x^2\mathrm{e}^{-x} - 3x^2\mathrm{e}^{-x} + x^3\mathrm{e}^{-x} = x\mathrm{e}^{-x}(6-6x+x^2)$$
$$= x\mathrm{e}^{-x}(x-(3-\sqrt{3}))(x+(3+\sqrt{3})) \qquad (p,q\text{-Formel})$$

Die letzte Darstellung von f'' liefert die Nullstellen 0, $3-\sqrt{3} \approx 1.27$ und $3+\sqrt{3} \approx 4.73$ von f'' und zeigt, dass f'' dort jeweils Vorzeichenwechsel besitzt. Also besitzt f drei Wendepunkte (darunter den Sattelpunkt $(0,0)$).

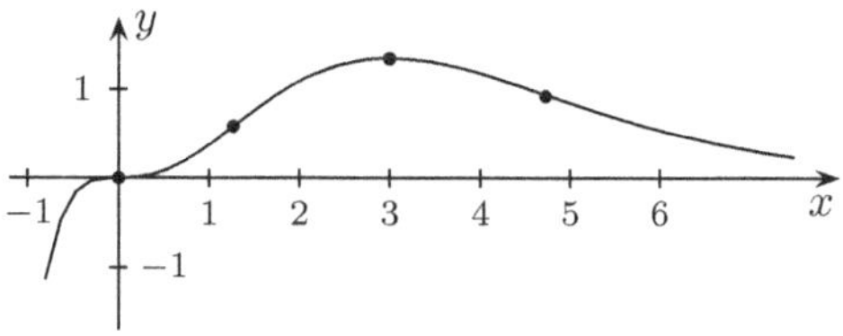

- Man untersuche die Funktion $y = f(x) = \frac{1}{2}x^4 - x^3$ auf dem Intervall $[-1, 2]$ auf Extrema.

  Ist eine Funktion auf einem abgeschlossenen Intervall auf Extrema zu untersuchen, so gehe man zunächst wie in den vorherigen Beispielen vor. Zusätzlich bestimmt man dann die Funktionswerte an den Randstellen des Intervalls. Durch Vergleich der berechneten Funktionswerte erhält man das Ergebnis.

  Wir haben auf Seite 101 für die Funktion $f(x) = \frac{1}{2}x^4 - x^3$ schon den einzigen Extrempunkt (Tiefpunkt) $(\frac{3}{2}, -\frac{27}{32})$ berechnet. Mit $f(-1) = \frac{3}{2}$ und $f(2) = 0$ liefert die nebenstehende Skizze bzw. ein Vergleich der Funktionswerte das folgende Ergebnis:

  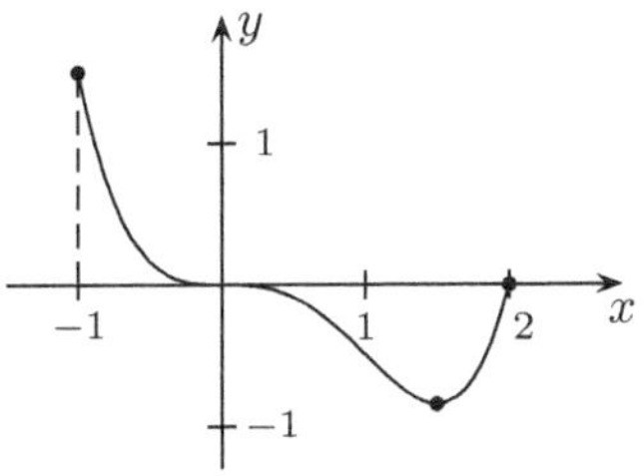

  $-\frac{27}{32}$ ist ein (absolutes) Minimum von f auf $[-1, 2]$, an der Stelle $\frac{3}{2}$.
  $\frac{3}{2}$ ist ein (absolutes) Maximum von f auf $[-1, 2]$, an der Stelle -1.
  0 ist ein (relatives) Maximum von f auf $[-1, 2]$, an der Stelle 2.

- Man untersuche $y = f(x) = x^3 - 3x - 3$ im Intervall $I = [-\frac{3}{2}, \frac{5}{2}]$ auf Extrema.

  1) Nullstellen der Ableitung:
  $y' = 3x^2 - 3 = 3(x + 1)(x - 1) = 0$
  $\iff \begin{matrix} x_1 = -1 \\ x_2 = 1 \end{matrix}$
  Mögliche Extremstellen: $-1, 1 \in I$.
  Untersuchung mit der 2. Ableitung:
  $y'' = 6x$, $y''(-1) = -6$, $y''(1) = 6$.
  Also gilt:
  -1 ist Maximalstelle, $f(-1) = -1$.
  1 ist Minimalstelle, $f(1) = -5$.
  2) Funktionswerte an den Randstellen:
  $y(-\frac{3}{2}) = -\frac{15}{8} = -1.875$
  $y(\frac{5}{2}) = \frac{41}{8} = 5,125.$

  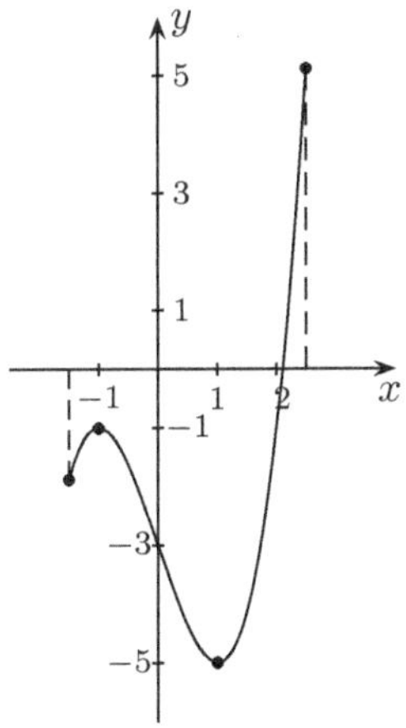

  Es folgt:
  Maxima liegen bei -1 und $\frac{5}{2}$, und zwar:
  ein relatives Maximum -1 bei -1, ein absolutes Maximum $5,125$ bei $\frac{5}{2}$.
  Minima liegen bei 1 und $-\frac{3}{2}$, und zwar:
  ein relatives Minimum $-1,875$ bei $-\frac{3}{2}$, ein absolutes Minimum -5 bei 1.

5.6 Extremwertaufgaben

Differentialrechnung kann zur Lösung sog. Extremwertaufgaben benutzt werden. Dazu gehört auch die eingangs des Kapitels gestellte Frage, die als letztes Beispiel gelöst wird.

Beispiele:

- Mit 100 m Weidezaun soll ein möglichst großer rechteckiger Weideplatz abgesteckt werden. Wie lang und wie breit wird der Weideplatz?

  Setzt man a als Länge des Rechtecks an, so ist die Breite b gegeben durch $b = 50 - a$, da der Umfang 100 m betragen soll und daher $a + b = 50$ gilt. Die Fläche F ergibt sich zu $F(a) = a(50 - a)\,,\ a \geq 0$.

  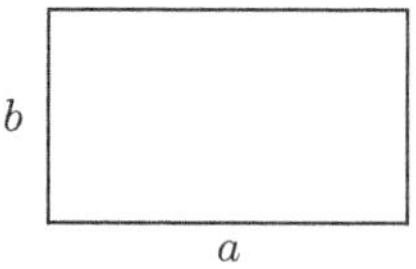

  Gesucht ist das Maximum von F. Hier brauchen wir keine Differentialrechnung. Der Graph von F ist eine nach unten geöffnete Normalparabel mit den Nullstellen 0 und 50. Der Maximalpunkt ist der Scheitelpunkt, der aus Symmetriegründen bei $a = 25$ liegt. Es folgt $a = b = 25$.

  Ergebnis: Man muss ein Quadrat mit der Seitenlänge 25 m abstecken, damit die eingezäunte Fläche am größten ist.

  Das Ergebnis folgt übrigens auch direkt aus der Ungleichung zwischen dem arithmetischen und geometrischen Mittel (agM-Ungleichung auf Seite 40). Für positive $a, b \in \mathbb{R}$ gilt: $\frac{a+b}{2} \geq \sqrt{ab}$, also $(\frac{a+b}{2})^2 \geq ab$.
  Unter den Rechtecken mit den Seiten a, b hat das Quadrat die Seitenlänge $\frac{a+b}{2}$, und damit liefert diese Ungleichung das obige Ergebnis.

  Merke: Unter allen Rechtecken mit konstantem Umfang hat das Quadrat die größte Fläche.

- Ein Stadion mit 400 m Laufbahn (gemessen an der Innenkante) besteht aus einem Rechteck mit angesetzten Halbkreisen. Wie lang werden die Geraden, wenn die Rechtecksfläche möglichst groß sein soll?

  Mit a als Länge der Geraden und b als Breite des Rechtecks (Durchmesser der angesetzten Halbkreise) ergibt sich als Länge U der Stadionlaufbahn:

  (∗) $U = 2a + \pi b = 400$ (Nebenbedingung).
  (∗∗) $a \cdot b$ soll maximal werden.

  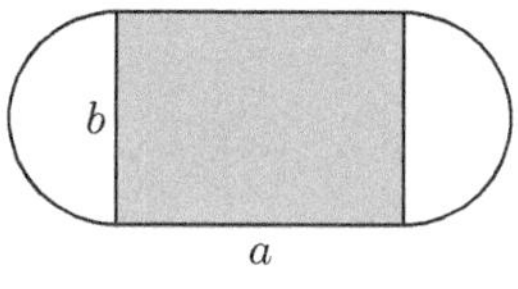

  (∗) ist eine sog. Nebenbedingung für die Variablen a und b, die nach a oder b aufgelöst werden kann, z.B. zu $b = \frac{1}{\pi}(400 - 2a)$. Einsetzen in den Term (∗∗) liefert eine zu maximierende Funktion F in Abhängigkeit von a.

  $$F(a) = a \cdot \tfrac{1}{\pi}(400 - 2a) = \tfrac{2}{\pi}(200a - a^2)\,,\ a \geq 0 \qquad \text{(Zielfunktion)}$$

Mit $F'(a) = \frac{2}{\pi}(200 - 2a)$ und $F'(a) = 0 \iff a = 100$ folgt das Ergebnis: Baut man das Stadion mit 100 m langen Geraden und 100 m langen Kurvenstücken (also so wie üblich), erzielt man den Nebeneffekt, dass die Rechteckfläche am größten wird.
Es war hier übigens von Vorteil, die Nebenbedingung nach b aufzulösen, da a direkt die Länge der Geraden liefert, b dagegen den Durchmesser und nicht die Länge der Kurven. Man überlege also, welche Auflösung günstig ist.
Wir haben den Test, ob F bei $a = 100$ wirklich ein Maximum annimmt, vernachlässigt. Dies ergibt sich hier wie in der vorigen Aufgabe, da der Graph von F ebenfalls eine nach unten geöffnete Parabel ist. Man hätte also auch auf die Bildung von F' verzichten können und Symmetrieargumente zur Bestimmung des Scheitelpunktes der Parabel heranziehen können.

Die letzte Aufgabe liefert ein Schema zur Behandlung von Extremwertaufgaben.

Löse Extremwertaufgaben in folgenden Schritten:

1. Skizze anfertigen.
2. Variable einführen.
3. Nebenbedingung für Variable aufstellen und nach einer Variablen auflösen.
4. Zielfunktion in einer Variablen aufstellen, die zu minimieren oder zu maximieren ist.
5. Extrema suchen, i.A. mit Hilfe der Ableitung.
6. Testen, ob Extrema vorliegen.
7. Interpretation des Ergebnisses.

Einige dieser Punkte können je nach Aufgabe entfallen.
Die Zielfunktion ist meist eine Funktion auf einer Teilmenge D von $\mathbb{R}$; in den beiden Beispielen ist sie für $a \geq 0$ zu untersuchen. Unter 6. ist also zu beachten, ob die Extremstellen zu D gehören, und gegebenenfalls sind Randstellen zu berücksichtigen, siehe Seite 103.

- Eine zylindrische Konservendose mit festem Volumen V soll eine möglichst kleine Oberfläche besitzen. Wie sind Durchmesser und Höhe zu wählen? Man berechne Höhe und Durchmesser für 850 ml-Dosen und vergleiche das Ergebnis mit Dosen aus dem Supermarkt.
  Die nebenstehende Skizze hilft:
  Variablen:
  h Höhe des Zylinders.
  d Durchmesser des Zylinders.
  $V = \pi(\frac{d}{2})^2 h$ Nebenbedingung.
  $O = \underbrace{\pi d h}_{\text{Mantel}} + \underbrace{2\pi(\frac{d}{2})^2}_{\text{Deckel+Boden}}$ ist zu minimieren.

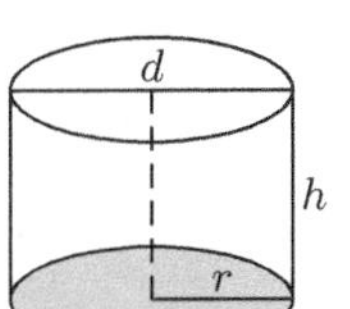

Wir lösen die Nebenbedingung nach h auf und setzen $\frac{d}{2} = r$. Bei Auflösung nach d entstehen Wurzeln, die wir so vermeiden.

$h = \frac{V}{\pi r^2} \implies O(r) = \frac{2V}{r} + 2\pi r^2 \,,\; r \geq 0$ Zielfunktion.

$O(r)$ ist zu minimieren.

$$O'(r) = -\frac{2V}{r^2} + 4\pi r \,, \qquad O'(r) = 0 \iff -\frac{2V}{r^2} + 4\pi r = 0 \iff 4\pi r^3 = 2V$$
$$\iff r = \sqrt[3]{\frac{V}{2\pi}}$$

Wegen $O''(r) = \frac{4V}{r^3} + 4\pi > 0$ für $r > 0$ besitzt O bei $r = \sqrt[3]{\frac{V}{2\pi}}$ ein Minimum. (Anwendung des hinreichenden Kriteriums (2).)

Es ist also $d = 2\sqrt[3]{\frac{V}{2\pi}}$ und $h = \frac{V}{\pi} \cdot \frac{1}{(\sqrt[3]{\frac{V}{2\pi}})^2} = 2 \cdot \frac{V}{2\pi} \cdot \frac{1}{(\sqrt[3]{\frac{V}{2\pi}})^2} = 2\sqrt[3]{\frac{V}{2\pi}} = d.$

Ergebnis: Wählt man die Konservendose so, dass Durchmesser und Höhe übereinstimmen, ergibt sich bei gegebenem Volumen die kleinste Oberfläche.

Bei einer Konservendose mit 850 ml= 850 cm^3 Inhalt ergibt sich als Durchmesser ca. 10.3 cm. Dieser Form kommen Supermarktdosen i.a. relativ nahe.

- Aus einer rechteckigen Blechtafel von 100 cm Länge und 60 cm Breite soll durch Ausschneiden von Quadraten an den vier Ecken und anschließendes Hochklappen der vier Randstreifen ein Kasten ohne Deckel mit möglichst großem Volumen hergestellt werden.

  Bei einer Blechtafel von 100 cm Länge und 60 cm Breite folgt beim Ausstanzen von Quadraten der Seitenlänge x an den Ecken für das Volumen V des entstehenden Kastens:

  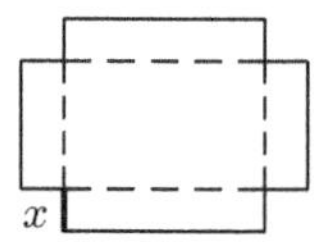

  $V(x) = x(100 - 2x)(60 - 2x) \,,\; 0 \leq x \leq 30$
  Zielfunktion (hier keine Nebenbedingung).

  $V(x) = 4x^3 - 320x^2 + 6000x \,, \qquad V'(x) = 12x^2 - 640x + 6000$

  $$V'(x) = 0 \iff 12x^2 - 640x + 6000 = 0 \iff x^2 - \frac{160}{3}x + 500 = 0$$
  $$\iff x_{1,2} = \frac{80}{3} \pm \frac{1}{3}\sqrt{1900}$$
  $$x_1 \approx 41,2 \,, \quad x_2 \approx 12,1$$

  x_1 gehört nicht zum Definitionsbereich der Zielfunktion V.
  Test, ob x_2 Maximal- oder Mimimalstelle ist:
  $V''(x) = 24x - 640 \,, \quad V''(x_2) < 0 \,, \quad x_2$ ist Maximalstelle.

  Ergebnis: Man sollte an den Ecken Quadrate der Seitenlänge 12,1 cm ausstanzen. Der entstehende Kasten hat dann folgende Maße:

Länge:	75,8 cm
Breite:	35,8 cm
Höhe:	12,1 cm

  maximal mögliches Volumen: $32\,835\,\text{cm}^3 \approx 32,8$ Liter.

- Ein Geländefahrzeug will möglichst schnell von Punkt A zu Punkt B gelangen. Dabei kann es auf dem Feldweg doppelt so schnell fahren wie im Gelände. Wo sollte es das Gelände verlassen und direkt auf B zufahren?

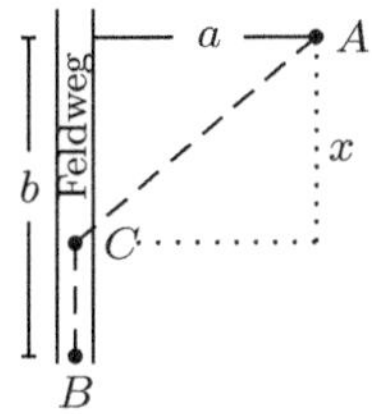

Wir nehmen an, dass das Fahrzeug von A aus direkt Punkt C auf dem Feldweg ansteuert und dann auf dem Weg weiter nach B fährt. Die Geschwindigkeit im Gelände sei v km/h.
Da Geschwindigkeit=Weg/Zeit ist, folgt Zeit=Weg/Geschwindigkeit.

Also: Fahrzeit von A nach C: $\frac{\overline{AC}}{v} = \frac{\sqrt{x^2+a^2}}{v}$

Fahrzeit von C nach B: $\frac{\overline{CB}}{2v} = \frac{b-x}{2v}, \quad 0 \le x \le b$

Gesamtfahrzeit: $F(x) = \frac{1}{v}(\sqrt{x^2+a^2} + \frac{b-x}{2}), \quad 0 \le x \le b$

$$F'(x) = \frac{1}{v}\left(\frac{2x}{2\sqrt{x^2+a^2}} - \frac{1}{2}\right), \quad F'(x) = 0 \implies 2x = \sqrt{x^2+a^2}$$
$$4x^2 = x^2 + a^2$$
$$x^2 = \frac{1}{3}a^2, \quad x = \frac{a}{\sqrt{3}}$$
$$F''(x) = \ldots = \frac{-x^2+a^2}{v(x^2+a^2)^{\frac{3}{2}}}, \quad F''\left(\frac{a}{\sqrt{3}}\right) > 0.$$

Bei $x = \frac{a}{\sqrt{3}}$ liegt also ein Minimum. Zu untersuchen ist aber, ob $\frac{a}{\sqrt{3}}$ zum Definitionbereich von F gehört. Dazu ist eine Fallunterscheidung vorzunehmen:

1. Fall: $b \ge \frac{a}{\sqrt{3}}$, d.h. $\frac{a}{\sqrt{3}} \in D(F)$.
Dann sollte das Fahrzeug so fahren, wie in der Skizze.

2. Fall: $b < \frac{a}{\sqrt{3}}$, d.h. $\frac{a}{\sqrt{3}} \notin D(F)$.
Dann sollte das Fahrzeug direkt von A nach B fahren ohne den Feldweg zu benutzen, da der Graph von F im Bereich $0 \le x \le \frac{a}{\sqrt{3}}$ nur fällt. $F(b)$ ist dann ein **Randminimum** für F.

- Man beantworte die eingangs von Abschnitt 5.4 gestellte Frage:
Bei welcher Geschwindigkeit ist die Kfz-Aufnahmekapazität einer Straße am größten?

Hierbei handelt es sich um eine typische Anwendungsfragestellung, die erst nach einer Präzisierung mathematisch behandelt werden kann.
Unter Aufnahmekapazität ist gemeint: Wieviele Fahrzeuge können bei konstanter Geschwindigkeit eine Messstelle auf einer Straße in einer Stunde passieren?
Vor der Rechnung ist noch zu vereinbaren:
Welche Länge soll für die Fahrzeuge angesetzt werden, und welchen Abstand sollen sie einhalten?

Wir legen eine durchschnittliche Fahrzeuglänge von 5 m zugrunde. Ferner soll ein Sicherheitsabstand eingehalten werden, der den heutigen Fahrschulregeln entspricht: Der Sicherheitsabstand l Meter soll der in 2 s zurückgelegten Fahrstrecke entsprechen. Als Faustregel kann man dafür verwenden:

$l =$ halbe Tachogeschwindigkeit.

Beispiel: Bei 120 km/h sollte der Sicherheitsabstand 60 Meter betragen, d.h. $l = 60$.

Eine kleine Skizze erläutert das Folgende:

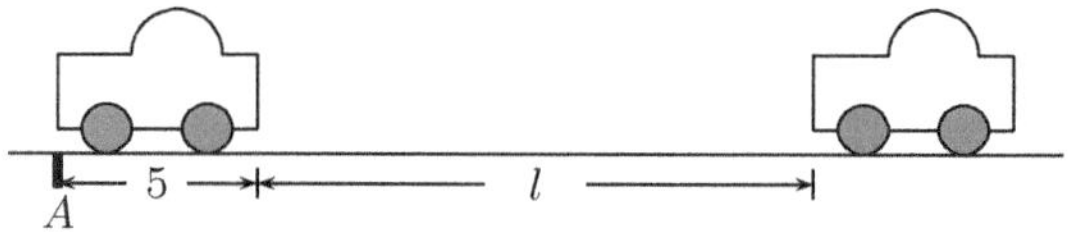

Passiert eine Fahrzeugkolonne mit konstanter Geschwindigkeit v km/h die Messstelle A eine Stunde lang, so ist sie v km $= 1000\,v$ m lang. Sie enthält dann unter den obigen Voraussetzungen maximal $\frac{1000v}{5+l} = \frac{1000v}{5+\frac{v}{2}} = \frac{2000v}{v+10}$ Fahrzeuge.

Also lautet die Frage:
Für welches v nimmt die Funktion $f(v) = \frac{2000v}{v+10}$, $v > 0$, ein Maximum an?

$f(v) = 2000\,\frac{v}{v+10} = 2000\,\frac{v+10-10}{v+10} = 2000\,(1 - \frac{10}{v+10})$.

$f'(v) = 2000\,\frac{10}{(v+10)^2}$, $\quad f'(v) \neq 0$ für alle $v \geq 0$.

f besitzt also kein Maximum. Die Darstellung $f(v) = 2000 - \frac{20000}{v+10}$ zeigt, dass $f(v) < 2000$ für alle $v \geq 0$ gilt. Es ist $\lim\limits_{v\to\infty} f(v) = 2000$.

Bei wachsender Geschwindigkeit nähert sich die Aufnahmekapazität der Straße dem Wert von 2000 Fahrzeugen pro Stunde an, erreicht ihn aber nicht.

Man berechnet unter den benutzten Voraussetzungen z.B. die nebenstehenden Kapazitäten. Über 80 km/h nimmt die Fahrzeugkapazität nur noch unbedeutend zu. In der Realität ergeben sich sicherlich etwas andere Zahlen, da die wenigsten Kfz-Fahrer den vorgeschriebenen Sicherheitsabstand einhalten.

v km/h	Anzahl Fahrzeuge
20	1333
50	1667
80	1778
100	1818
130	1857
150	1875

Kapitel 6

Integralrechnung

6.1 Flächenberechnung, bestimmtes Integral

In diesem Kapitel betrachten wir nur "gutartige" (exakt: z.B. stetige) Funktionen und betonen, dass alle hier vorkommenden Funktionen auf ihrem Definitionsbereich gutartig sind. (Zur Stetigkeit siehe **EM 2.**)

Fragestellung: Wie kann man den Flächeninhalt der Fläche zwischen dem Graphen einer Funktion f und der x-Achse im Intervall $[a, b]$ berechnen?

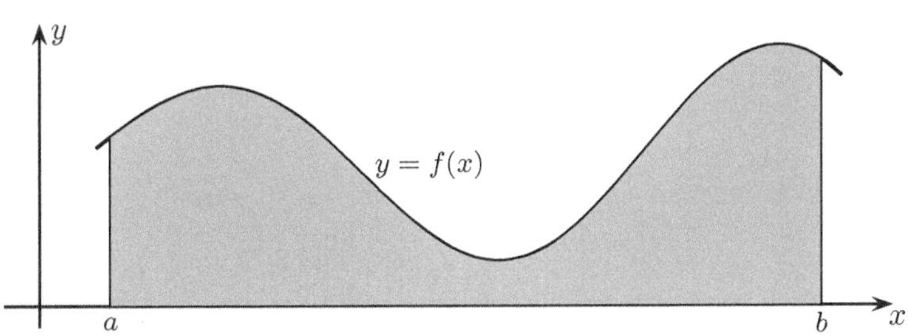

Dazu geht man wie folgt vor:
Man teilt das Intervall $[a, b]$ in n (i.A. gleichlange) Teilintervalle $[x_i, x_{i+1}]$ der Länge $\frac{b-a}{n}$. Als gutartige Funktion besitzt f in jedem dieser Teilintervalle ein absolutes Minimum m_i und ein absolutes Maximum M_i.

Man bildet nun **Obersummen** S_n und **Untersummen** s_n wie folgt:

$$S_n = M_0 \frac{b-a}{n} + M_1 \frac{b-a}{n} + \ldots + M_{n-1} \frac{b-a}{n} = \sum_{i=0}^{n-1} M_i \frac{b-a}{n}$$

$$s_n = m_0 \frac{b-a}{n} + m_1 \frac{b-a}{n} + \ldots + m_{n-1} \frac{b-a}{n} = \sum_{i=0}^{n-1} m_i \frac{b-a}{n}$$

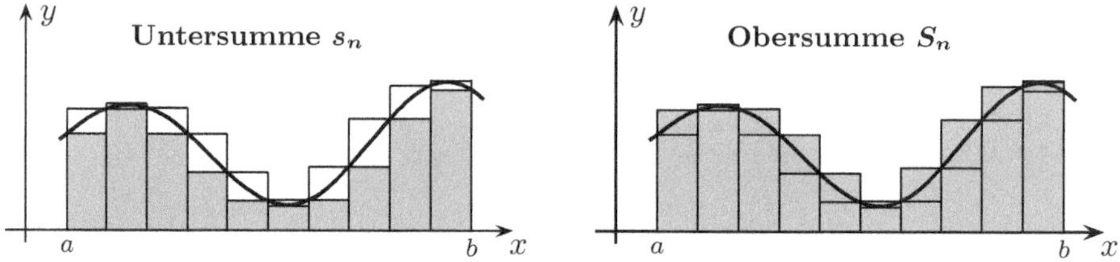

Lässt man die Anzahl n der Intervalle wachsen, bildet also Grenzwerte, so gilt für gutartige Funktionen:

$$\lim_{n\to\infty} S_n = \lim_{n\to\infty} s_n = I\,.$$

Beide Grenzwerte existieren und sind gleich. Dieser gemeinsame Grenzwert I heißt **das bestimmte Integral** von a bis b der Funktion f.

Schreibweise: $I = \int_a^b f(x)\,dx$ lies: Integral f von x dx in den Grenzen von a bis b.

Ist $f(x)$ im Intervall $[a,b]$ wie in obiger Skizze nicht negativ, so ist $\int_a^b f(x)\,dx$ der Flächeninhalt der über dem Intervall $[a,b]$ zwischen dem Graphen von f und der x-Achse liegenden Fläche.
Die Berechnung von bestimmten Integralen (und damit auch von Flächeninhalten) auf diese Weise – also über Grenzwerte – ist sehr mühsam und für Laien meist undurchführbar. Es geht viel einfacher mit dem Hauptsatz der Differential- und Integralrechnung, siehe nächster Abschnitt.
Zunächst listen wir noch einige Rechenregeln für das bestimmte Integral auf.

Rechenregeln für das bestimmte Integral

$$\int_a^b f(x)\,dx = \int_a^c f(x)\,dx + \int_c^b f(x)\,dx$$ Zerlegung des Integrationsintervalls.

$$\int_a^b f(x)\,dx = -\int_b^a f(x)\,dx$$ Vertauschen der Grenzen.

$$\left.\begin{aligned}\int_a^b \big(f(x)+g(x)\big)\,dx &= \int_a^b f(x)\,dx + \int_a^b g(x)\,dx\\ \int_a^b c\cdot f(x)\,dx &= c\cdot\int_a^b f(x)\,dx\end{aligned}\right\}$$ Linearität des Integrals.

6.2 Stammfunktion, Hauptsatz

Das bestimmte Integral und die Differentialrechnung hängen in ganz einfacher Weise zusammen. Die Verbindung wird über den Begriff **Stammfunktion** hergestellt.

> **Stammfunktion**
>
> Ist f ein reelle Funktion und F eine Funktion mit $F' = f$, so heißt F **Stammfunktion** zu f.

Beispiele:

- Ist $F_1(x) = x^2$ eine Stammfunktion zu $f(x) = 2x$?
  Wir müssen testen, ob $F_1'(x) = f(x)$ gilt. Es ist $F_1'(x) = 2x = f(x)$.
  Also ist F_1 eine Stammfunktion zu f.
- Ist $F_2(x) = x^2 + 7$ eine Stammfunktion zu $f(x) = 2x$?
  Entsprechend: $F_2'(x) = 2x$. F_2 ist ebenfalls eine Stammfunktion zu f.
- Ist $F_3(x) = 2x^2$ eine Stammfunktion zu $f(x) = 2x$?
  Es ist $F_3'(x) = 4x$. F_3' ist nicht die Funktion f.
  F_3 ist keine Stammfunktion zu f.

Merke: 1. Ob F eine Stammfunktion zu f ist, testet man durch Ableiten von F.
2. Stammfunktionen zu f sind nicht eindeutig. Es gilt aber:

> Sind F_1, F_2 zwei Stammfunktionen zu f, so gilt $F_2(x) = F_1(x) + c$. Stammfunktionen zu f unterscheiden sich nur um einen konstanten Summanden.

Mit Hilfe von Stammfunktionen lässt sich nun die Verbindung zwischen der Differentialrechnung und dem bestimmten Integral herstellen.

> **Hauptsatz der Differential- und Integralrechnung**
>
> Ist $F(x)$ eine Stammfunktion der gutartigen Funkion f, so gilt
>
> $$\int_a^b f(x)\,dx = F(b) - F(a) =: \big[F(x)\big]_a^b .$$

Ein bestimmtes Integral lässt sich also einfach als Differenz von Stammfunktionswerten berechnen. Das Problem ist damit auf das Finden von Stammfunktionen verschoben, wobei die Kenntnisse aus Kapitel 5 helfen.

$\big[F(x)\big]_a^b$ führt man als Schreibweise ein, um die Berechnung von $\displaystyle\int_a^b f(x)\,dx$ in einer vernünftigen Gleichungskette durchführen zu können, siehe folgende Beispiele.

Beispiele:

- Man berechne $\displaystyle\int_0^1 x\,dx$ und skizziere die berechnete Fläche.

  Zunächst benötigt man eine Stammfunktion F zu $f(x) = x$. Die Ableitungsregeln zeigen, dass $F(x) = \frac{1}{2}x^2$ solch eine Stammfunktion ist. Damit folgt:

  $$\int_0^1 x\,dx = \left[\tfrac{1}{2}x^2\right]_0^1 = \tfrac{1}{2}\cdot 1^2 - \tfrac{1}{2}\cdot 0^2 = \underline{\tfrac{1}{2}}.$$

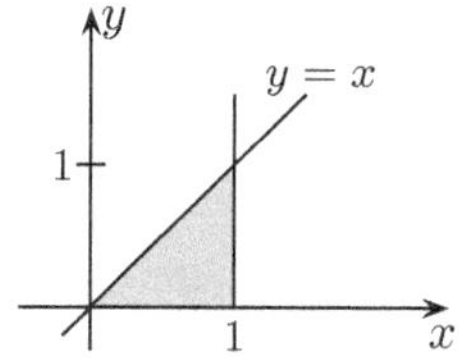

  Der Flächeninhalt eines gleichschenklig rechtwinkligen Dreiecks mit der Schenkellänge 1 ist $\frac{1}{2}$, Integralrechnung wäre also nicht nötig gewesen.

- Man berechne $\displaystyle\int_1^2 x^2\,dx$ und skizziere die berechnete Fläche.

  Wir gehen wie eben vor:

  $F(x) = \frac{1}{3}x^3$ ist eine Stammfunktion zu $f(x) = x^2$. Damit folgt:

  $$\int_1^2 x^2\,dx = \left[\tfrac{1}{3}x^3\right]_1^2 = \tfrac{1}{3}\cdot 2^3 - \tfrac{1}{3}\cdot 1^3 = \underline{\tfrac{7}{3}}.$$

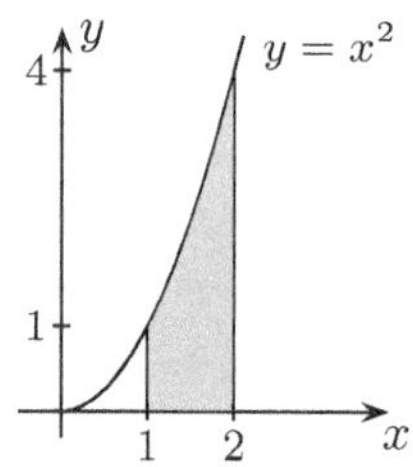

- Man berechne $\displaystyle\int_0^\pi \sin x\,dx$, $\displaystyle\int_\pi^{2\pi} \sin x\,dx$ und $\displaystyle\int_0^{2\pi} \sin x\,dx$. Interpretation?

  $F(x) = -\cos x$ ist eine Stammfunktion zu $f(x) = \sin x$ (siehe Elementare Ableitungen, Seite 90). Also:

  $$\int_0^\pi \sin x\,dx = \big[-\cos x\big]_0^\pi = -\cos\pi - (-\cos 0) = 1 + 1 = \underline{2}\,.$$

  $$\int_\pi^{2\pi} \sin x\,dx = \big[-\cos x\big]_\pi^{2\pi} = -\cos 2\pi - (-\cos\pi) = -1 - 1 = \underline{-2}\,.$$

  $$\int_0^{2\pi} \sin x\,dx = \big[-\cos x\big]_0^{2\pi} = -\cos 2\pi - (-\cos 0) = -1 + 1 = \underline{0}\,.$$

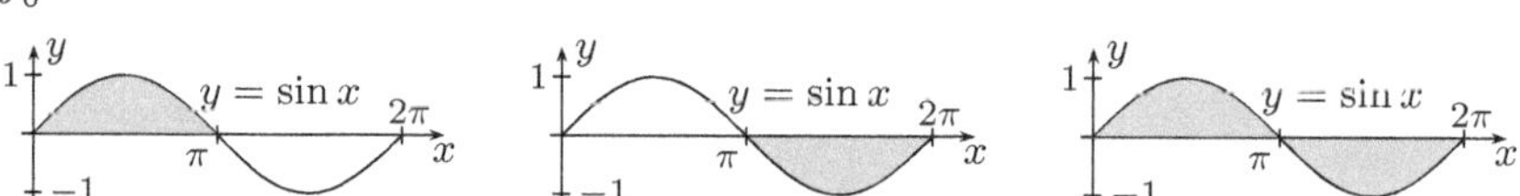

  Die Definition von $\displaystyle\int_a^b f(x)\,dx$ bewirkt offensichtlich, dass unterhalb der x-Achse liegende Flächen negativ gemessen werden. Daher ist auch das Ergebnis $\displaystyle\int_0^{2\pi} \sin x\,dx = 0$ nicht verwunderlich wegen der Rechenregel

  $$\int_a^b f(x)\,dx = \int_a^c f(x)\,dx + \int_c^b f(x)\,dx,$$ siehe Seite 110.

6.3 Unbestimmtes Integral, Integrationsregeln

In diesem Abschnitt werden Regeln behandelt, nach denen zu einer Funktion f Stammfunktionen berechnet werden können.
Die Menge aller Stammfunktionen zu $f(x)$, d.h. die Menge aller Funktionen, die f als Ableitung besitzen, heißt **unbestimmtes Integral** von $f(x)$.
Schreibweise: $\int f(x)\,dx = F(x) + C$ mit $F'(x) = f(x)$.
$\int f(x)\,dx$ lies: Integral f von x dx.

unbestimmtes Integral: $\int f(x)\,dx = F(x) + C$ mit $F'(x) = f(x)$.

Durch die Schreibweise $\int f(x)\,dx = F(x) + C$ wird angedeutet, dass sich Stammfunktionen von f nur um eine Konstante C unterscheiden. Auf eine Schreibweise von $\int f(x)\,dx$ als Menge wird üblicherweise verzichtet.

Beispiele:
- $\int x\,dx = \frac{1}{2}x^2 + C\,,\ C \in \mathbb{R}$ Auf die Angabe $C \in \mathbb{R}$ wird i.A. verzichtet.
- $\int x^2\,dx = \frac{1}{3}x^3 + C$ siehe 6.2 und Ableitungsregeln.
- $\int \sin x\,dx = -\cos x + C$ "

Die Ableitungen von Seite 90 ergeben durch Umkehrung Grundintegrale, die wir in der gleichen Numerierung wie auf Seite 90 auflisten.

Grundintegrale			
1) $\int 0\,dx$	$= C$		
2) $\int a\,dx$	$= ax + C$		
3) $\int x^r\,dx$	$= \frac{1}{r+1}x^{r+1} + C$	für $r \in \mathbb{R},\ r \neq -1$	
4) $\int e^x\,dx$	$= e^x + C\,,$	$\int \frac{1}{x}\,dx$	$= \ln\lvert x\rvert + C$
5) $\int \sin x\,dx$	$= -\cos x + C\,,$	$\int \cos x\,dx$	$= \sin x + C$

Bemerkungen:
(i) Jedes unbestimmte Integral kann durch Ableiten des Ergebnisses überprüft werden.
(ii) Es ist $(\ln x)' = \frac{1}{x}$, aber $\int \frac{1}{x}\,dx = \ln\lvert x\rvert + C$. Der Betrag tritt auf, da als Funktion f die Funktion $f(x) = \frac{1}{x}$ gegeben ist, deren Definitionsbereich $\mathbb{R} \setminus \{0\}$ ist. Stammfunktionen sollten auf dem gleichen Definitionsbereich angegeben werden. Durch Ableiten bestätigt man (Fallunterscheidung!), dass $(\ln\lvert x\rvert)' = \frac{1}{x}$ auf $\mathbb{R} \setminus \{0\}$ gilt:
Für $x > 0$ ist $(\ln\lvert x\rvert)' = (\ln x)' = \frac{1}{x}$.
Für $x < 0$ rechnet man $(\ln\lvert x\rvert)' = (\ln(-x))' = \frac{1}{-x} \cdot (-1) = \frac{1}{x}$, nach der Kettenregel.

Beispiele:

- $\int x^5\,dx = \frac{1}{5+1}\,x^{5+1} + C = \frac{1}{6}\,x^6 + C$
- $\int x^{12}\,dx = \frac{1}{12+1}\,x^{12+1} + C = \frac{1}{13}\,x^{13} + C$
- $\int \frac{1}{x^2}\,dx = \int x^{-2}\,dx = \frac{1}{-2+1}\,x^{-2+1} + C = -x^{-1} + C = -\frac{1}{x} + C$
- $\int \frac{1}{x^7}\,dx = \int x^{-7}\,dx = \frac{1}{-7+1}\,x^{-7+1} + C = -\frac{1}{6}x^{-6} + C = -\frac{1}{6x^6} + C$
- $\int \sqrt{x}\,dx = \int x^{\frac{1}{2}}\,dx = \frac{1}{\frac{1}{2}+1}\,x^{\frac{1}{2}+1} = \frac{2}{3}\,x^{\frac{3}{2}} + C = \frac{2}{3}\sqrt{x^3} + C = \frac{2}{3}x\sqrt{x} + C$
- $\int \frac{1}{\sqrt[5]{x^6}}\,dx = \int x^{-\frac{5}{6}}\,dx = \frac{1}{-\frac{5}{6}+1}\,x^{-\frac{5}{6}+1} + C = 6x^{\frac{1}{6}} + C = 6\sqrt[6]{x} + C$

Merkregel für das Integral $\int x^r\,dx$:

Bei der Anwendung der Regel $\int x^r\,dx = \frac{1}{r+1}\,x^{r+1} + C$ vermeidet man insbesondere bei negativen Exponenten Fehler, wenn man wie in den obigen Beispielen vorgeht:

Erhöhe zunächst den Exponenten r um 1 auf $r+1$.
Teile dann x^{r+1} durch diesen neuen Exponenten $r+1$.

Die Differentiationsregeln liefern durch Umkehrung Integrationsregeln.

Integrationsregeln

1) $\int a \cdot f(x)\,dx = a \cdot \int f(x)\,dx$
Konstante Faktoren können vor das Integral gezogen werden.

2) $\int (f(x) \pm g(x))\,dx = \int f(x)\,dx \pm \int g(x)\,dx$
Summen (Differenzen) werden gliedweise differenziert.

Beispiele:

- $\int (x + x^2 + x^3)\,dx = \int x\,dx + \int x^2\,dx + \int x^3\,dx = \underline{\frac{1}{2}x^2 + \frac{1}{3}x^3 + \frac{1}{4}x^4 + C}$
Es reicht, zum Schluss eine Konstante zu addieren.
- $$\begin{aligned}\int (3x^5 - 4x^3 + 2x + 7)\,dx &= \int 3x^5\,dx - \int 4x^3\,dx + \int 2x\,dx + \int 7\,dx \\ &= 3\int x^5\,dx - 4\int x^3\,dx + 2\int x\,dx + 7\int 1\,dx \\ &= 3 \cdot \frac{1}{6}x^6 - 4 \cdot \frac{1}{4}x^4 + 2 \cdot \frac{1}{2}x^2 + 7 \cdot x + C \\ &= \underline{\frac{1}{2}x^6 - x^4 + x^2 + 7x + C}\end{aligned}$$
- $\int (7x^8 + 5x^6 + 3x^3 - 4x^2 + 9)\,dx = \underline{\frac{7}{9}x^9 + \frac{5}{7}x^7 + \frac{3}{4}x^4 - \frac{4}{3}x^3 + 9x + C}$
Wie eben, aber alles in einem Schritt.
- $\int (x^2+1)^2\,dx = \int (x^4 + 2x^2 + 1)\,dx = \underline{\frac{1}{5}x^5 + \frac{2}{3}x^3 + x + C}$
- $$\begin{aligned}\int (2x-1)^4\,dx &= \int (16x^4 - 32x^3 + 24x^2 - 8x + 1)\,dx \\ &= \underline{\frac{16}{5}x^5 - 8x^4 + 8x^3 - 4x^2 + x + C}\end{aligned}$$
Mittels der binomischen Formel (S. 24) wird hier zunächst $(2x-1)^4$ ausgerechnet. Eine andere Lösung dieses Beispiels findet man auf Seite 115.

- $$\begin{aligned}\int\left(\tfrac{3}{x}+\tfrac{4}{x^2}-\tfrac{5}{x^3}+\tfrac{6}{x^4}\right)dx &= 3\int\tfrac{1}{x}\,dx+4\int\frac{1}{x^2}\,dx-5\int\tfrac{1}{x^3}\,dx+6\int\tfrac{1}{x^4}\,dx\\ &= 3\ln|x|+4\int x^{-2}\,dx-5\int x^{-3}\,dx+6\int x^{-4}\,dx\\ &= 3\ln|x|+4\cdot\frac{1}{-1}x^{-1}-5\cdot\frac{1}{-2}x^{-2}+6\cdot\frac{1}{-3}x^{-3}+C\\ &= \underline{3\ln|x|-\tfrac{4}{x}+\tfrac{5}{2x^2}-\tfrac{2}{x^3}+C}\end{aligned}$$
- $$\begin{aligned}\int(\sqrt{x}+\sqrt[3]{x}+\sqrt[3]{x^2})\,dx &= \int\sqrt{x}\,dx+\int\sqrt[3]{x}\,dx+\int\sqrt[3]{x^2}\,dx\\ &= \int x^{\frac12}\,dx+\int x^{\frac13}\,dx+\int x^{\frac23}\,dx\\ &= \tfrac{1}{\frac32}x^{\frac32}+\tfrac{1}{\frac43}x^{\frac43}+\tfrac{1}{\frac53}x^{\frac53}+C\\ &= \underline{\tfrac{2}{3}\sqrt{x^3}+\tfrac{3}{4}\sqrt[3]{x^4}+\tfrac{3}{5}\sqrt[3]{x^5}+C}\end{aligned}$$
- $$\begin{aligned}\int x^3\cdot\sqrt[5]{x^3}\cdot\sqrt{x}\,dx &= \int x^3\cdot x^{\frac35}\cdot x^{\frac12}\,dx=\int x^{3+\frac35+\frac12}\,dx=\int x^{\frac{41}{10}}\,dx\\ &= \tfrac{1}{\frac{51}{10}}x^{\frac{51}{10}}+C=\underline{\tfrac{10}{51}x^5\sqrt[10]{x}+C}\end{aligned}$$
- $$\int\left(x^2+\tfrac{1}{x^2}\right)dx=\int x^2\,dx+\int\tfrac{1}{x^2}\,dx=\underline{\tfrac13x^3-\tfrac{1}{x}+C}$$

Die Umkehrung der Produktregel des Differenzierens liefert die sog. partielle Integration. Lässt sich eine Funktion $f(x)$ als Produkt zweier Funktionen $u'(x)$ und $v(x)$ darstellen, also $f(x) = u'(x)\cdot v(x)$, so gilt:

Partielle Integration

$$\int u'(x)v(x)\,dx = u(x)\cdot v(x) - \int u(x)\cdot v'(x)\,dx$$

Bemerkungen:

(i) Durch diese Regel wird ein zu integrierendes Produkt auf ein anderes Integral zurückgeführt, von dem man hofft, es lösen zu können. Welche Faktoren man im zu lösenden Integral als $u'(x)$ bzw. $v(x)$ setzt, muss man jeweils entscheiden. Dabei helfen gewisse Faustregeln.

(ii) Die Regel lässt einen generellen Unterschied zwischen Differenzieren und Integrieren erkennen. Jede elementare Funktion lässt sich mit den Ableitungsregeln differenzieren, aber man kann nicht für jede elementare Funktion eine Stammfunktion angeben (obwohl jede elementare Funktion, wie man zeigen kann, eine Stammfunktion besitzt).
Ein Slogan ist: Differenzieren ist trivial, Integrieren ist eine Kunst.

- $$\int x\cdot\sin x\,dx$$
  Wir wählen $u'(x) = \sin x$ und $v(x) = x$. Benötigt werden nun $u(x)$ und $v'(x)$, d.h. $\sin x$ muss integriert werden, x muss abgeleitet werden. Man erhält $u(x) = -\cos x$ und $v'(x) = 1$. Bei $u(x)$ reicht die Angabe **einer** Stammfunktion, da in der Formel der partiellen Integration auf beiden Seiten Integrale stehen.

Es folgt: $$\begin{aligned}\int \underbrace{x}_{v}\cdot\underbrace{\sin x}_{u'}\,dx &= \underbrace{x}_{v}\cdot\underbrace{(-\cos x)}_{u} - \int \underbrace{1}_{v'}\cdot\underbrace{(-\cos x)}_{u}\,dx \\ &= \underline{-x\cos x + \sin x + C}\end{aligned}$$

Wählt man hier $u' = x$ und $v = \sin x$, so entsteht durch $\int uv'\,dx$ ein komplizierteres Integral, da dann $u = \frac{1}{2}x^2$ gilt.

- $$\int \underbrace{x}_{v}\cdot\underbrace{e^x}_{u'}\,dx = \underbrace{x}_{v}\cdot\underbrace{e^x}_{u} - \int \underbrace{1}_{v'}\cdot\underbrace{e^x}_{u}\,dx = \underline{xe^x - e^x + C}$$

  (Lösung in üblicher Kurzform.)

- $$\int \underbrace{x^2}_{v}\cdot\underbrace{\cos x}_{u'}\,dx = \underbrace{x^2}_{v}\cdot\underbrace{\sin x}_{u} - \int \underbrace{2x}_{v'}\cdot\underbrace{\sin x}_{u}\,dx$$

  Jetzt muss beim rechten Integral noch einmal partiell integriert werden.

  $$\int \underbrace{2x}_{v}\cdot\underbrace{\sin x}_{u'}\,dx = \underbrace{2x}_{v}\cdot\underbrace{(-\cos x)}_{u} - \int \underbrace{2}_{v'}\cdot\underbrace{(-\cos x)}_{u}\,dx = -2x\cos x + 2\sin x + C$$

  Insgesamt also:

  $$\int x^2\cos x\,dx = \underline{x^2\sin x + 2x\cos x - 2\sin x + C}.$$

Auf diese Weise können durch mehrfache partielle Integration Integrale der Form

$$\int p(x)\sin x\,dx, \qquad \int p(x)\cos x\,dx, \qquad \int p(x)e^x\,dx$$

für Polynome $p(x)$ gelöst werden.

- $$\begin{aligned}\int \underbrace{x}_{u'}\cdot\underbrace{\ln x}_{v}\,dx = \underbrace{\tfrac{1}{2}x^2}_{u}\cdot\underbrace{\ln x}_{v} - \int \underbrace{\tfrac{1}{2}x^2}_{u}\cdot\underbrace{\frac{1}{x}}_{v'}\,dx &= \tfrac{1}{2}x^2\ln x - \tfrac{1}{2}\int x\,dx \\ &= \underline{\tfrac{1}{2}x^2\ln x - \tfrac{1}{4}x^2 + C}\end{aligned}$$

  Hier wird x als u' angesetzt obwohl $u = \frac{1}{2}x^2$ ein Polynom höheren Grades ergibt. Dafür ist die Ableitung von $\ln x$ ein anderer Funktionstyp, nämlich $\frac{1}{x}$. So ist das neue Integral $\int uv'\,dx$ einfach zu lösen.

- $$\int \ln x\,dx$$

  Die vorige Aufgabe gibt hier einen Hinweis darauf, wie das (einfachere?) Integral $\int \ln x\,dx$ zu lösen ist. Man fasse $\ln x$ als Produkt $1\cdot\ln x$ auf.

  $$\begin{aligned}\int \ln x\,dx = \int \underbrace{1}_{u'}\cdot\underbrace{\ln x}_{v}\,dx &= \underbrace{x}_{u}\cdot\underbrace{\ln x}_{v} - \int \underbrace{x}_{u}\cdot\underbrace{\frac{1}{x}}_{v'}\,dx \\ &= x\ln x - x + C = \underline{x(-1+\ln x) + C}.\end{aligned}$$

- $\int (2x-1)^4\,dx$

  Dieses Beispiel wurde auf Seite 112 durch Ausrechnen von $(2x-1)^4$ mittels der binomischen Formel und anschließendes Integrieren gelöst. Es geht einfacher:
  Die Differentiation und die Regel $\int x^r\,dx = \frac{1}{r+1}x^{r+1} + C$ zeigen, dass sich als Integral im wesentlichen $\frac{1}{5}(2x-1)^5$ ergeben muss. Leitet man aber $(2x-1)^5$ ab, muss man die Kettenregel anwenden, und man erhält: $(\frac{1}{5}(2x-1)^5)' = (2x-1)^4 \cdot 2$. Teilt man also $\frac{1}{5}(2x-1)^5$ noch durch den beim Ableiten zusätzlich auftretenden Faktor 2, so hat man das Integral gelöst:

  $$\int (2x-1)^4\,dx = \frac{1}{2}\cdot\frac{1}{5}(2x-1)^5 + C = \frac{1}{10}(2x-1)^5 + C.$$

  Dies ist eine faktorisierte Form des Ergebnisses, im Unterschied zu Seite 112, wo sich das Produkt $\frac{1}{10}(2x-1)^5$ ausgerechnet ergab.

Die Umkehrung der Kettenregel liefert eine weitere Integrationsregel, die sog. Substitutionsregel, die etwas schwieriger zu formulieren und zu verstehen ist.

Integration durch Substitution

$$\int \boldsymbol{f(x)\,dx} = \int \boldsymbol{f(g(t))g'(t)\,dt} \qquad \underline{\text{Substitution:}} \quad \begin{aligned} x &= g(t) \\ dx &= g'(t)dt \end{aligned}$$

Bei geeigneter Wahl der Funktion $x = g(t)$ kann die rechte Seite der Gleichung einfacher zu integrieren sein.

Beispiel: Berechne $\int (2x-1)^4\,dx$ (vergleiche letztes Beispiel).
Man substituiert
$2x-1 = t$, also $x = g(t) = \frac{1}{2}(t+1)$ und $g'(t) = \frac{dx}{dt} = \frac{1}{2}$ oder $dx = \frac{1}{2}dt$.
Einsetzen ergibt
$\int (2x-1)^4\,dt = \frac{1}{2}\int t^4\,dt = \frac{1}{2}\cdot\frac{1}{5}t^5 + C = \underline{\frac{1}{10}(2x-1)^5 + C}.$

Hier wird die für die Ableitung auf Seite 88 eingeführte Schreibweise benutzt. Für $x = g(t)$ schreibt man statt $g'(t)$ auch $\frac{dx}{dt}$. Ohne auf die Erläuterung der Symbolik einzugehen, wird wie mit Brüchen gerechnet, also $\frac{dx}{dt} = \frac{1}{2}$ nach dx aufgelöst.

Die folgenden Integrale löse man jeweils mit einer Substitution.

- $\int (3-4x)^6\,dx$ <u>Subst.:</u> $3-4x = t$ oder $x = -\frac{t-3}{4}$

  $= \int t^6 \cdot (-\frac{1}{4})\,dt$

  $= -\frac{1}{4}\int t^6\,dt$

  $= -\frac{1}{28}t^7 + C$

  $= \underline{-\frac{1}{28}(3-4x)^7 + C}$

  Bei einer zulässigen Substitution ist es egal, aus welcher dieser beiden Gleichungen dx berechnet wird!

$-4 = \frac{dt}{dx}$	$\frac{dx}{dt} = -\frac{1}{4}$
$dx = -\frac{1}{4}\,dt$	$dx = -\frac{1}{4}\,dt$

Im Allgemeinen mache man sich keine Gedanken, ob eine Substitution zulässig ist. Im Zweifelsfall überprüfe man das Ergebnis durch Differenzieren!

- $\int \sqrt{2+3x}\,dx$ Subst.: $2+3x = t$, $3 = \frac{dt}{dx}$, $dx = \frac{1}{3}\,dt$

  $= \int \frac{1}{3}\sqrt{t}\,dt = \frac{1}{3}\int t^{\frac{1}{2}}\,dt$

  $= \frac{1}{3}\cdot\frac{1}{\frac{3}{2}}t^{\frac{3}{2}} + C = \frac{2}{9}t\sqrt{t} + C$

  $= \underline{\frac{2}{9}(2+3x)\sqrt{2+3x}} + C$

  Eine alternative Lösung (Grundsatz: Wurzel wegsubstituieren!):

  $\int \sqrt{2+3x}\,dx$ Subst.: $\sqrt{2+3x} = t$, $2+3x = t^2$, $x = \frac{1}{3}(t^2-2)$, $\frac{dx}{dt} = \frac{2}{3}t,\quad dx = \frac{2}{3}t\,dt$

  $= \int t\cdot\frac{2}{3}t\,dt$

  $= \frac{2}{3}\int t^2\,dt = \frac{2}{3}\cdot\frac{1}{3}t^3 + C$

  $= \frac{2}{9}\sqrt{2+3x}^{\,3} + C = \underline{\frac{2}{9}(2+3x)\sqrt{2+3x} + C}$

- $\int x(2+3x^2)^3\,dx$ Subst.: $2+3x^2 = t$, $6x = \frac{dt}{dx}$, $6x\,dx = dt$, $x\,dx = \frac{1}{6}\,dt$

  $= \int \frac{1}{6}t^3\,dt$

  $= \frac{1}{24}t^4 + C = \underline{\frac{1}{24}(2+3x^2)^4 + C}$

- $\int 2x\mathrm{e}^{x^2}\,dx$ Subst.: $x^2 = t$, $2x = \frac{dt}{dx}$, $2x\,dx = dt$

  $= \int \mathrm{e}^t\,dt$

  $= \mathrm{e}^t + C = \underline{\mathrm{e}^{x^2} + C}$

  Die Anwendung der Substitutionsregel erübrigt sich, wenn man erkennt, dass die zu integrierende Funktion eine Ableitung nach der Kettenregel ist. Dann kann man eine Stammfunktion sofort angeben.
  Hier ist $2x\mathrm{e}^{x^2} = (\mathrm{e}^{x^2})'$, also ist $\int 2x\mathrm{e}^{x^2}\,dx = \underline{\mathrm{e}^{x^2} + C}$.

- $\int \frac{\ln x}{x}\,dx$ Subst.: $\ln x = t$, $\frac{1}{x} = \frac{dt}{dx}$, $\frac{1}{x}\,dx = dt$

  $= \int t\,dt$

  $= \frac{1}{2}t^2 + C = \underline{\frac{1}{2}(\ln x)^2 + C}$

- $\int \tan x\,dx$ Subst.: $\cos x = t$, $-\sin x = \frac{dt}{dx}$, $\sin x\,dx = -dt$

  $= \int \frac{\sin x}{\cos x}\,dx$

  $= -\int \frac{dt}{t}$

  $= -\ln|t| + C = \underline{-\ln|\cos x| + C}$

Die Beispiele zeigen, dass Integration häufig Erfahrung erfordert. Aus diesem Grunde findet man in Formelsammlungen, z.B. auch in **F+H**, meist viele gelöste Integrale.

6.4 Flächenberechnungen

Die im vorigen Abschnitt angegebenen Integrationsregeln benutzen wir nun noch bei einigen Flächeninhaltsberechnungen.

- Man berechne den Flächeninhalt der im 4. Quadranten von der Kurve $y = x^3 - 4x$ und der x-Achse eingeschlossenen Fläche.

$$x^3 - 4x = 0 \iff x(x^2 - 4) = 0 \iff x_1 = 0\,,\ x_2 = 2\,,\ x_3 = -2$$

Der gesuchte Flächeninhalt ist nach der Nullstellenberechnung und der Skizze gegeben durch

$$-\int_0^2 (x^3 - 4x)\,dx.$$

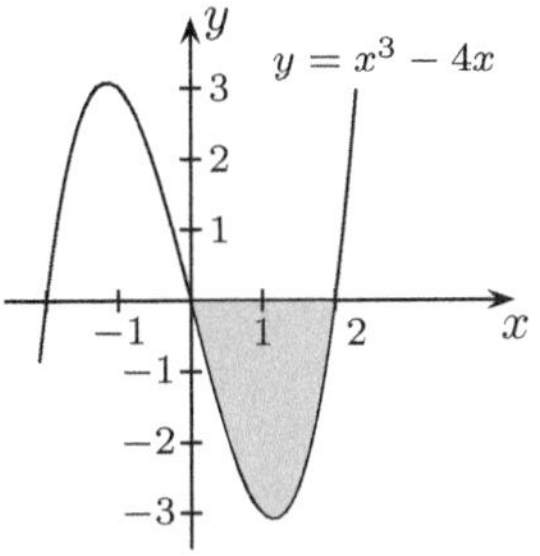

Das negative Vorzeichen vor dem Integral wird benötigt, da die zu berechnende Fläche unterhalb der x-Achse liegt, das Integral selbst also negativ ist. Es folgt für den Flächeninhalt F der Fläche:

$$F = -\int_0^2 (x^3 - 4x)\,dx = -\left[\tfrac{1}{4}x^4 - 2x^2\right]_0^2 = -((\tfrac{16}{4} - 8) - 0) = \underline{4}.$$

- Man berechne den Flächeninhalt der von den Kurven $y = \sqrt{x}$ und $y = x^2$ im Intervall $[0, 1]$ eingeschlossenen Fläche.

Es ist $\int_0^1 \sqrt{x}\,dx$ der Flächeninhalt der Fläche zwischen dem Graphen von $y = \sqrt{x}$ und der x-Achse im Intervall $[0, 1]$. Entsprechend ist $\int_0^1 x^2\,dx$ der Flächeninhalt der Fläche zwischen dem Graphen von $y = x^2$ und der x-Achse im Intervall $[0, 1]$. Man erhält

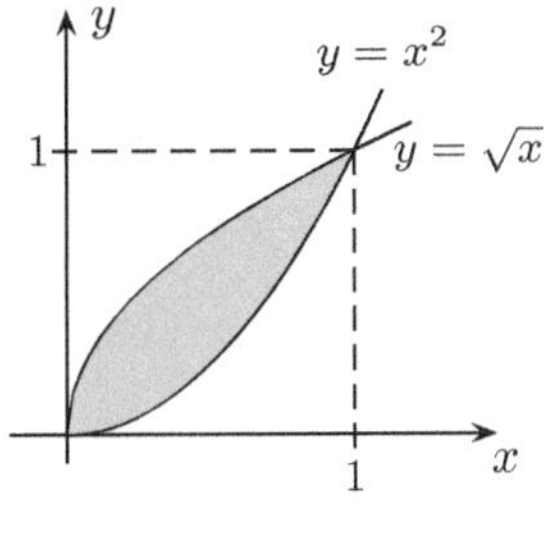

$$\int_0^1 \sqrt{x}\,dx = \left[\tfrac{2}{3}x^{\frac{3}{2}}\right]_0^1 = \tfrac{2}{3} - 0 = \tfrac{2}{3}\,, \qquad \int_0^1 x^2\,dx = \left[\tfrac{1}{3}x^3\right]_0^1 = \tfrac{1}{3} - 0 = \tfrac{1}{3}.$$

und damit

$$F = \int_0^1 \sqrt{x}\,dx - \int_0^1 x^2\,dx = \tfrac{2}{3} - \tfrac{1}{3} = \underline{\tfrac{1}{3}},$$

Die Rechnung zeigt, dass das Einheitsquadrat durch die beiden Kurven in drei gleichgroße Teile von je $\frac{1}{3}$ geteilt wird.

Für den Flächeninhalt F der Fläche zwischen den Graphen von $f(x)$ und $g(x)$ gilt allgemein:

Fläche zwischen Graphen

Gilt $f(x) \geq g(x)$ für alle $x \in [a, b]$, so ist der Flächeninhalt F der Fläche zwischen dem Graphen von $f(x)$ und dem Graphen von $g(x)$ gegeben durch

$$F = \int_a^b (f(x) - g(x))\, dx.$$

Die Lage der Graphen im Koordinatensystem spielt dabei keine Rolle!

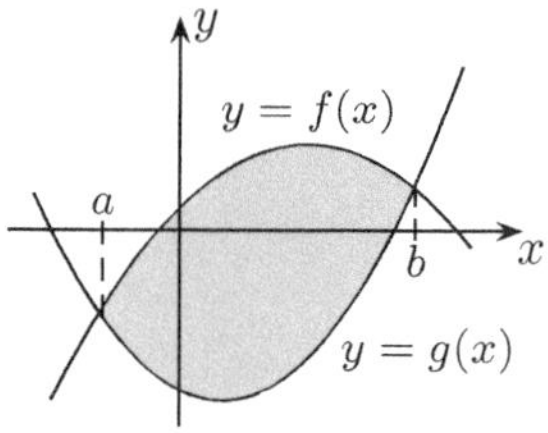

Ist nur $f(x) \neq g(x)$ für alle $x \in (a, b)$ bekannt, so gilt für den Flächeninhalt

$$F = \left| \int_a^b (f(x) - g(x))\, dx \right| .$$

- Man berechne den Flächeninhalt der von den Kurven $f(x) = x^3 - x + 2$ und $g(x) = -x^2 + x + 2$ eingeschlossenen Fläche, und skizziere die Fläche.

Zunächst müssen die Schnittpunkte der Kurven berechnet werden:

$$\begin{aligned} & f(x) = g(x) \\ \iff \quad & x^3 - x + 2 = -x^2 + x + 2 \\ \iff \quad & x^3 + x^2 - 2x = 0 \\ \iff \quad & x(x-1)(x+2) = 0 \\ \iff \quad & x_1 = -2\,,\ x_2 = 0\,,\ x_3 = 1 \end{aligned}$$

Die Skizze zeigt, dass $f(x) \geq g(x)$ in $[-2, 0]$ gilt, und $g(x) \geq f(x)$ in $[0, 1]$. Der gesuchte Flächeninhalt ergibt sich als Summe zweier Integrale.

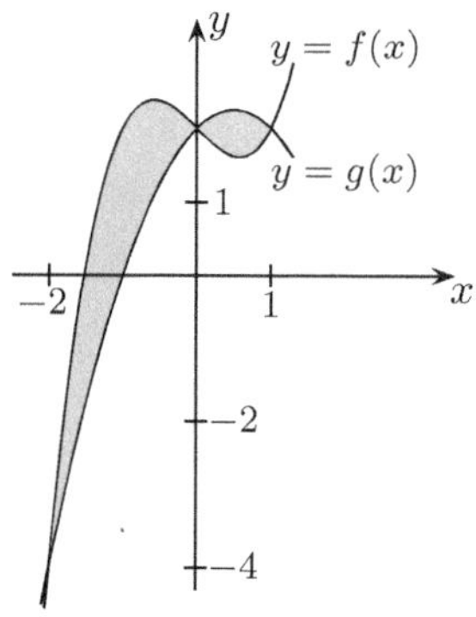

$$\begin{aligned} F &= \int_{-2}^0 (f(x) - g(x))\, dx + \int_0^1 (g(x) - f(x))\, dx \\ &= \int_2^0 (x^3 + x^2 - 2x)\, dx + \int_0^1 (-x^3 - x^2 + 2x)\, dx \\ &= \left[\tfrac{1}{4}x^4 + \tfrac{1}{3}x^3 - x^2\right]_{-2}^0 + \left[-\tfrac{1}{4}x^4 - \tfrac{1}{3}x^3 + x^2\right]_0^1 \\ &= 0 - \left(\tfrac{16}{4} - \tfrac{8}{3} - 4\right) + \left(-\tfrac{1}{4} - \tfrac{1}{3} + 1 - 0\right) = \tfrac{8}{3} + \tfrac{5}{12} = \underline{\underline{\tfrac{37}{12}}} \end{aligned}$$

Ohne sich zu überlegen, wo $f(x)$ oberhalb von $g(x)$ verläuft, und damit völlig ohne Skizze hätte man nach dem obigen Kasten den gesuchten Flächeninhalt auch berechnen können durch

$$F = \left| \int_{-2}^0 (f(x) - g(x))\, dx \right| + \left| \int_0^1 (f(x) - g(x))\, dx \right| .$$

> **Merke:** Bei der Berechnung des Flächeninhalts der Fläche zwischen Graphen darf nicht über Schnittstellen der Graphen hinweg integriert werden!

- Man berechne den Flächeninhalt der skizzierten Fläche.

Die begrenzende Gerade geht durch die Punkte $(-1, -\frac{1}{e})$ und $(1, e)$. Die Zwei-Punkte-Form einer Geraden (S. 51) liefert die Geradengleichung $y = \frac{e^2+1}{2e}\,x + \frac{e^2-1}{2e}$. Damit ist der Flächeninhalt der Fläche gegeben durch

$$F = \int_{-1}^{1} \left(\frac{e^2+1}{2e}\,x + \frac{e^2-1}{2e} - xe^x\right) dx.$$

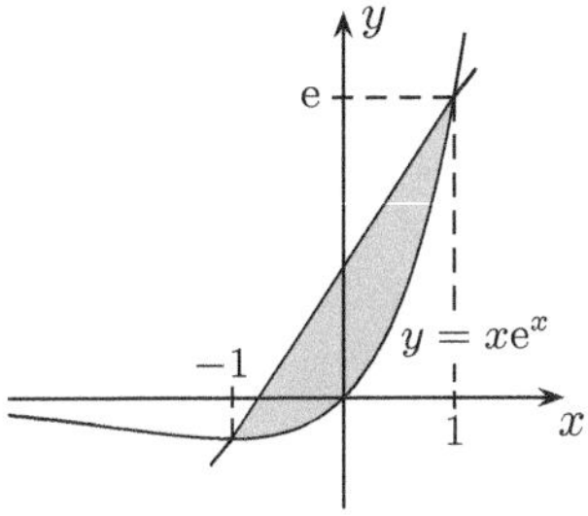

Für das Teilintegral $\int_{-1}^{1} xe^x\,dx$ wird zunächst das unbestimmte Integral $\int xe^x\,dx$ durch partielle Integration gelöst, $\int xe^x\,dx = xe^x - e^x + C$, siehe Seite 114. Damit folgt, wähle $C = 0$:

$$F = \left[\frac{1}{2}\frac{e^2+1}{2e}\,x^2 + \frac{e^2-1}{2e}\,x - xe^x + e^x\right]_{-1}^{1} = \ldots = \underline{e - \frac{3}{e}} \approx \underline{1,6}$$

- Man berechne den Flächeninhalt der skizzierten Fläche.

Hier berechnen wir das bestimmte Integral $\int_{-2}^{2} \sqrt{2x+5}\,dx$ und ziehen vom Ergebnis den Flächeninhalt der beiden Dreiecke mit den Eckpunkten $(0,0), (-2,1), (-2,0)$ bzw. $(0,0), (2,0), (2,3)$ ab.

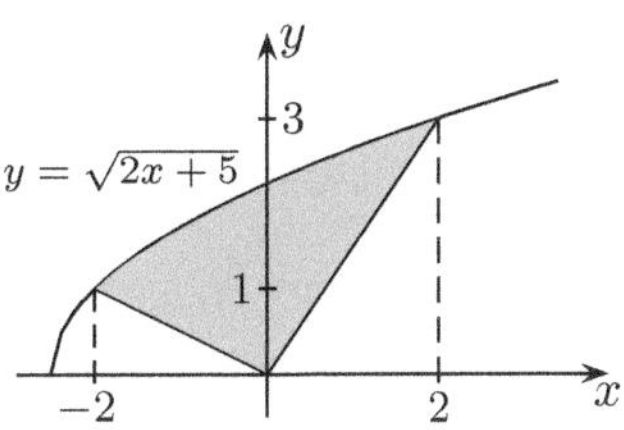

$\int_{-2}^{2} \sqrt{2x+5}\,dx$ wird mittels Substitutionsregel gelöst.

$$\int_{-2}^{2} \sqrt{2x+5}\,dx$$

$$= \frac{1}{2}\int_{1}^{9} \sqrt{t}\,dt$$

$$= \frac{1}{3}\left[t^{\frac{3}{2}}\right]_1^9 = \frac{1}{3}(27-1) = \frac{26}{3}$$

<u>Subst.:</u>

$$2x + 5 = t$$
$$2 = \frac{dt}{dx}$$
$$dx = \frac{1}{2}\,dt$$
$$-2 \le x \le 2 \implies 1 \le t \le 9$$

Bei einem bestimmten Integral können bei Anwendung der Substitutionsregel die Grenzen mit substituiert werden. Hier ist in den Grenzen von -2 bis 2 nach x zu integrieren. Wegen $t = 2x + 5$ läuft t dann in den Grenzen von 1 bis 9.

Die Dreiecksflächen ergeben sich elementar zu $\frac{1}{2} \cdot 2 \cdot 1$ bzw. $\frac{1}{2} \cdot 2 \cdot 3$.

Es folgt: $F = \frac{26}{3} - 1 - 3 = \underline{\frac{14}{3}}$.

6.5 Weitere Anwendungen der Integralrechnung

Integralrechnung kann bei vielen weiteren Berechnungen, z.B. bei Volumenberechnung, Berechnung von Bogenlängen und physikalischen Aufgabenstellungen benutzt werden. Wir beschränken uns hier auf Volumenberechnungen, da bei anderen Anwendungen meist mehr Integrationskenntnisse nötig sind.

Volumen eines Rotationskörpers

Ein Kurvenstück der x, y-Ebene sei gegeben als Graph der Funktion:

$$y = f(x) \geq 0 \quad \text{mit} \quad a \leq x \leq b.$$

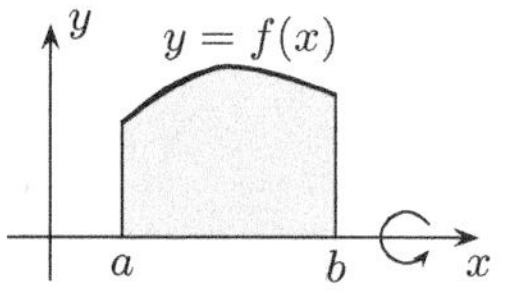

Der durch Rotation der Fläche F zwischen der Kurve und der x-Achse um die x-Achse entstehende Körper hat das Volumen:

$$V = \pi \int_a^b f^2(x)\, dx.$$

- Man berechne das Volumen eines geraden Kreiskegels mit Radius r und Höhe h mittels eines Integrals.

  Wir betrachten die Funktion $y = f(x) = \frac{r}{h}x$, deren Graph eine Gerade durch den Nullpunkt ist. Lässt man das im Intervall $[0, h]$ liegende Geradenstück um die x-Achse rotieren, so entsteht ein gerader Kreiskegel mit Radius r und Höhe h.

  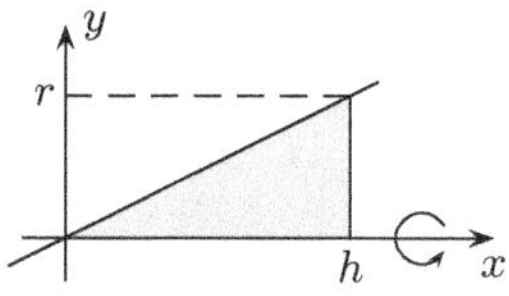

  Also folgt für das Volumen:

  $$V = \pi \int_0^h \left(\tfrac{r}{h}x\right)^2 dx = \pi \int_0^h \tfrac{r^2}{h^2}x^2\, dx = \pi \left[\tfrac{r^2}{3h^2}x^3\right]_0^h = \underline{\tfrac{1}{3}\pi r^2 h},$$

  die aus Formelsammlungen bekannte Formel.

- Man berechne das Volumen einer Kugel mit Radius r mittels eines Integrals.

  Lässt man den Halbkreis $x^2 + y^2 = r^2$, $y \geq 0$ um die x-Achse rotieren, so entsteht eine Kugel mit dem Radius r. Dieser Halbkreis ist Graph der Funktion $y = f(x) = \sqrt{r^2 - x^2}$. Für das Volumen V der entstehenden Kugel folgt:

  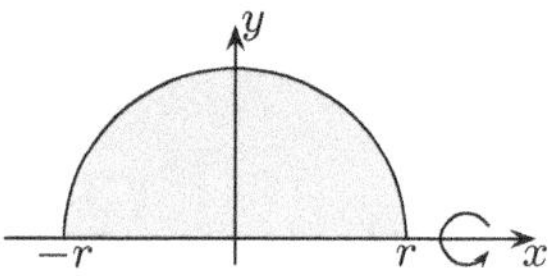

  $$\begin{aligned} V &= \pi \int_{-r}^{r} (r^2 - x^2)\, dx = 2\pi \int_0^r (r^2 - x^2)\, dx = 2\pi \left[r^2 x - \tfrac{1}{3}x^3\right]_0^r \\ &= 2\pi\left(r^3 - \tfrac{1}{3}r^3\right) = \underline{\tfrac{4}{3}\pi r^3}. \end{aligned}$$

- Berechne den Flächeninhalt eines Kreises mit Radius r durch ein Integral.

  Interessanterweise ist dieser Flächeninhalt schwieriger zu berechnen als das Volumen der Kugel im vorigen Beispiel. Für den Flächeninhalt F gilt
  $$F = 2\int_{-r}^{r} \sqrt{r^2 - x^2}\,dx = 4\int_{0}^{r} \sqrt{r^2 - x^2}\,dx\,.$$
  Mit den Mitteln dieses Buches hilft hier die Substitution $x = r\sin t$ weiter, ein Trick, der wiederum zeigt, dass Integrieren eine Kunst ist.
  $$F = 4\int_0^r \sqrt{r^2 - x^2}\,dx \qquad \underline{\text{Subst.:}} \quad x = r\sin t,\ dx = r\cos t\,dt,\ 0 \le x \le r \Longrightarrow 0 \le t \le \tfrac{\pi}{2}$$
  $$= 4\int_0^{\frac{\pi}{2}} \sqrt{r^2 - r^2\sin^2 t}\cdot r\cos t\,dt$$
  $$= 4\int_0^{\frac{\pi}{2}} r^2\cos t\sqrt{1-\sin^2 t}\,dt = 4r^2\int_0^{\frac{\pi}{2}} \cos^2 t\,dt$$
  Hier haben wir die Formel $\sin^2 t + \cos^2 t = 1$, also $1 - \sin^2 t = \cos^2 t$ und $\sqrt{\cos^2 t} = |\cos t| = \cos t$ für $0 \le t \le \frac{\pi}{2}$ benutzt. Mit $\cos^2 t = \frac{1}{2}(1 + \cos 2t)$ (siehe S. 85) folgt weiter (sonst partiell integrieren):
  $$= 4r^2\int_0^{\frac{\pi}{2}} (\tfrac{1}{2} + \tfrac{1}{2}\cos 2t)\,dt = 4r^2\left[\tfrac{1}{2}t + \tfrac{1}{4}\sin 2t\right]_0^{\frac{\pi}{2}} = \underline{\pi r^2}.$$

- Ein Fass mit 40 cm Durchmesser oben bzw. unten und 60 cm mittig an der dicksten Stelle, sowie 80 cm Höhe entstehe durch Rotation eines Parabelstücks. (Ein Schnitt senkrecht durch die Mitte des Fasses hat Parabelstücke als seitliche Begrenzungen.)
  Wie viel Liter Inhalt hat das Fass?

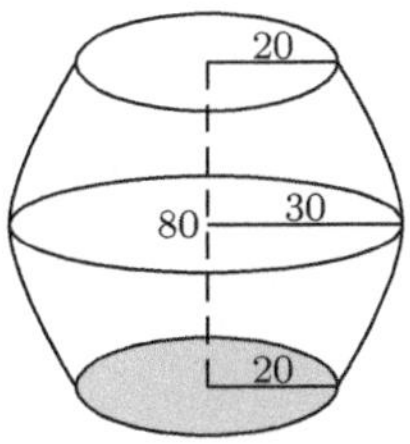

  Legen wir eine Parabel wie nebenstehend gezeichnet in ein Koordinatensystem, so entsteht das Fass durch Rotation des gezeichneten Parabelstücks um die x-Achse.
  (1 Einheit entspricht 10 cm bzw. 1 dm.)
  Gleichung der Parabel: $y = ax^2 + 3$.
  Einsetzen des Punktes $(4, 2)$:
  $2 = 16a + 3 \implies a = -\frac{1}{16}$.

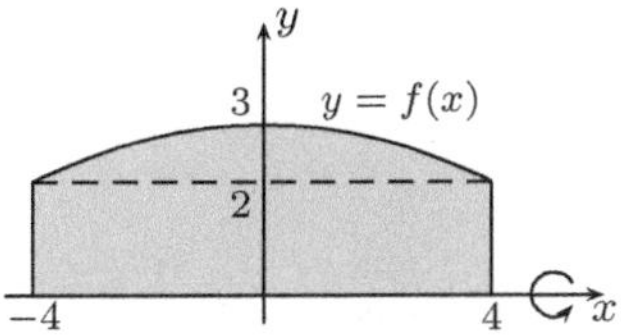

  Also ist $y = f(x) = -\frac{1}{16}x^2 + 3$ diejenige Funktion, deren Graph durch Rotation um die x-Achse im Intervall $[-4, 4]$ das Fass erzeugt. Es folgt:
  $$V = \pi\int_{-4}^{4} (-\tfrac{1}{16}x^2 + 3)^2\,dx = 2\pi\int_0^4 (\tfrac{1}{256}\,x^4 - \tfrac{3}{8}x^2 + 9)\,dx$$
  $$= 2\pi\left[\tfrac{1}{5\cdot 256}\,x^5 - \tfrac{1}{8}x^3 + 9x\right]_0^4 = 2\pi(\tfrac{1\cdot 2^{10}}{5\cdot 2^8} - \tfrac{1}{8}\cdot 2^6 + 36)$$
  $$= 2\pi(\tfrac{4}{5} - 8 + 36) = 2\pi\cdot 28{,}8 \approx \underline{181}$$
  Das Fass hat ca. 181 Liter Inhalt. (1 Liter $= 1\,\mathrm{dm}^3$)

Index

Griechisches Alphabet

A	α	alpha	I	ι	iota	P	ρ	rho
B	β	beta	K	κ	kappa	Σ	σ	sigma
Γ	γ	gamma	Λ	λ	lambda	T	τ	tau
Δ	δ	delta	M	μ	mü	Υ	υ	üpsilon
E	ϵ	epsilon	N	ν	nü	Φ	φ	phi
Z	ζ	zeta	Ξ	ξ	xi	X	χ	chi
H	η	eta	O	o	omicron	Ψ	ψ	psi
Θ	θ	theta	Π	π	pi	Ω	ω	omega

Deutsches Alphabet

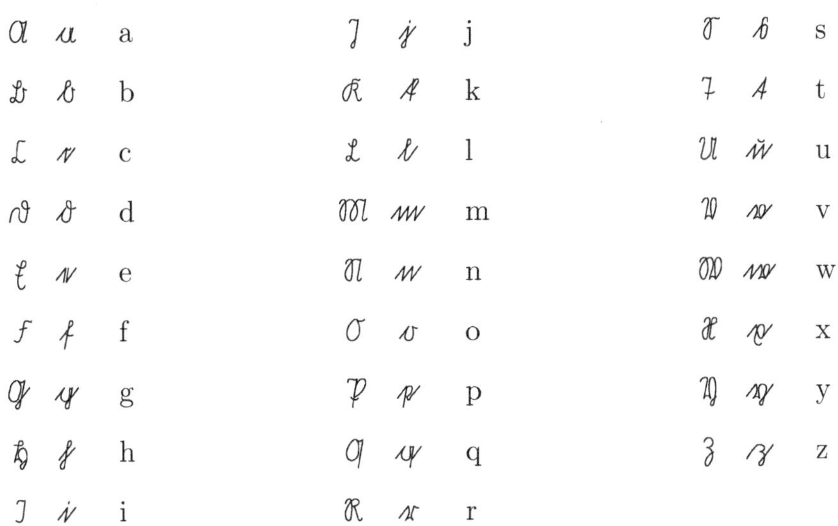

Bruchrechnung

$$\frac{a}{b} \underset{\text{Kürzen}}{\overset{\text{Erweitern}}{=}} \frac{a \cdot c}{b \cdot c}$$

Addition Nenner gleichnamig machen! $\frac{a}{b}+\frac{c}{d}=\frac{ad}{bd}+\frac{bc}{bd}=\frac{ad+bc}{bd}$, speziell $\frac{a}{b}+c=\frac{a+bc}{b}$

bei ganzzahligem Nenner: **Hauptnenner** (= kgV der Nenner), z.B. $\frac{4}{6}+\frac{3}{4}=\frac{8}{12}+\frac{9}{12}=\frac{17}{12}$.

Multiplikation Zähler mit Zähler, Nenner mit Nenner multiplizieren! $\frac{a}{b}\cdot\frac{c}{d}=\frac{ac}{bd}$, speziell $\frac{a}{b}\cdot c=\frac{ac}{b}$

Division mit Kehrwert multiplizieren! $\frac{a}{b}:\frac{c}{d}=\frac{a}{b}\cdot\frac{d}{c}=\frac{ad}{bc}$, speziell $a:\frac{b}{c}=\frac{ac}{b}$ und $\frac{a}{b}:c=\frac{a}{bc}$

Größenvergleich Sind $b,d>0$, so gilt $\frac{a}{b}\geq\frac{c}{d} \iff ad\geq bc$

$b,d>0$ lässt sich durch evtl. Erweitern mit -1 erreichen.

Prozentrechnung

% ist eine andere Schreibweise für den Bruch $\frac{1}{100}$.

$$p\% = \frac{p}{100}$$

G	Grundwert
$p\%$	Prozentsatz
W	Prozentwert

$$\boldsymbol{W = G \cdot p\% = G \cdot \frac{p}{100}}$$

$175\% = 175\cdot\frac{1}{100}=\frac{175}{100}=1.75$

$0.19=\frac{19}{100}=19\cdot\frac{1}{100}=19\%$

$\frac{3}{7}\approx 0.4286=\frac{42.86}{100}=42.86\%$

Dreisatz

15 Liter Benzin kosten 18 €.

(a) Wieviel € zahlt man für 52 Liter?
(b) Wieviel Liter erhält man für 40 €?

(a) Für 1 Liter zahlt man $\frac{18}{15}$ € und für 52 Liter zahlt man $52\cdot\frac{18}{15}$ €.

(b) Für 1 € erhält man $\frac{15}{18}$ Liter und für 40 € erhält man $40\cdot\frac{15}{18}$ Liter.

Potenzen

mit ganzen Exponenten

$a\in\mathbb{R}$, $n\in\mathbb{N}$

$$a^n := \underbrace{a\cdot a\cdots a}_{n\text{ Faktoren}} \qquad a^0=1,\quad a^{-n}=\frac{1}{a^n}$$

mit rationalen Exponenten

$a\in\mathbb{R}, a>0$, $n\in\mathbb{N}$, $m\in\mathbb{Z}$

$$a^{\frac{m}{n}} = (a^{\frac{1}{n}})^m = (a^m)^{\frac{1}{n}}$$

Potenzrechengesetze

$a^n\cdot a^m=a^{n+m}$ | $a^n:a^m=a^{n-m}$ | $(a^n)^m=a^{nm}$ | $a^n\cdot b^n=(ab)^n$

Wurzeln $(m, n, q \in \mathbb{N}$ und $a, b > 0)$

$$\sqrt[n]{a} \cdot \sqrt[m]{a} = \sqrt[mn]{a^{n+m}} \qquad \sqrt[n]{a} \cdot \sqrt[n]{b} = \sqrt[n]{ab} \qquad \sqrt{a} = \sqrt[2]{a}$$

$$\frac{\sqrt[n]{a}}{\sqrt[m]{a}} = \sqrt[mn]{a^{m-n}} \qquad \frac{\sqrt[n]{a}}{\sqrt[n]{b}} = \sqrt[n]{\frac{a}{b}} \qquad \sqrt{a+b} \leq \sqrt{a} + \sqrt{b}$$

$$\sqrt[m]{\sqrt[n]{a}} = \sqrt[mn]{a} = \sqrt[n]{\sqrt[m]{a}} \qquad \sqrt[nq]{a^{mq}} = \sqrt[n]{a^m} \qquad \sqrt{a \cdot b} \leq \frac{1}{2}(a+b)$$

Quadratische Gleichung

p, q – Formel	**a, b, c – Formel**
$x^2 + px + q = 0$	$ax^2 + bx + c = 0, \quad a \neq 0$
$x_{1,2} = -\frac{p}{2} \pm \sqrt{\frac{p^2}{4} - q}$	$x_{1,2} = \frac{-b \pm \sqrt{b^2 - 4ac}}{2a}$

$$x^2 + px + q = (x - x_1)(x - x_2) = x^2 - (x_1 + x_2)x + x_1 x_2$$

Differentiations– und Integrationsregeln

Summenregel	$(u + v)' = u' + v'$
konstanter Faktor	$\big(r \cdot f(x)\big)' = r \cdot f'(x)$
Produktregel	$(u \cdot v)' = u' \cdot v + u \cdot v'$
Quotientenregel	$\left(\frac{u}{v}\right)' = \frac{u' \cdot v - u \cdot v'}{v^2}$
partielle Integration	$\int u' \cdot v \, dx = u \cdot v - \int u \cdot v' \, dx$
Kettenregel	$\big(y(x(t))\big)' = \frac{dy}{dt} = \frac{dy}{dx} \cdot \frac{dx}{dt} = y'(x(t)) \cdot x'(t)$
Substitutionsregel	$\int f(x)\, dx = \int f(g(t))g'(t)\, dt,$ mit $x = g(t)$, $dx = g'(t)dt.$

$$\int x^n \, dx = \frac{1}{n+1} x^{n+1}, \; (n \neq 1) \qquad \int \frac{f'}{f} dx = \ln |f|$$

$$\int \frac{dx}{\sqrt{x}} = 2\sqrt{x} \qquad \int \frac{dx}{x} = \ln |x|$$

$$\int \frac{dx}{\sqrt[3]{x}} = \frac{3}{2} \sqrt[3]{x^2} \qquad \int \frac{dx}{x+a} = \ln |x + a|$$

$$\int \mathrm{e}^x \, dx = \mathrm{e}^x \qquad \int \tan x \, dx = \int \frac{\sin x}{\cos x} dx = -\ln |\cos x|$$

$$\int \cos x \, dx = \sin x \qquad \int \sin x \, dx = -\cos x$$

Differentiation der Umkehrfunktion

Ist $y = f(x)$ eine umkehrbare differenzierbare Funktion, dann ist die Umkehrfunktion $x = g(y)$ differenzierbar und es gilt:

$$g'(y) = \frac{1}{f'(g(y))} \quad \text{oder} \quad \frac{dx}{dy} = \frac{1}{\frac{dy}{dx}} \quad \text{für } f'(x) \neq 0.$$